U0564201

青少科普百科

DK一分钟科学

气候变化

英国DK公司/编著

霍菲菲　赵宇菲/译

电子工业出版社

Publishing House of Electronics Industry

北京·BEIJING

Orginal Title: Simply Climate Change
Copyright © Dorling Kindersley Limited,2021
A Penguin Random House Company

本书中文简体版专有出版权由Dorling Kindersley
Limited授予电子工业出版社，未经许可，不得以任
何方式复制或抄袭本书的任何部分。

版权贸易合同登记号　图字：01-2023-5276

图书在版编目（CIP）数据

气候变化 / 英国DK公司编著；霍菲菲，赵宇菲译.
北京：电子工业出版社，2024.1
（DK一分钟科学）
ISBN 978-7-121-46713-4

Ⅰ.①气⋯　Ⅱ.①英⋯　②霍⋯　③赵⋯　Ⅲ.①气候
变化－青少年读物　Ⅳ.①P467-49

中国国家版本馆CIP数据核字（2023）第221701号

审图号：GS京（2023）2158号
此书中第22、81、89、91、99、120页地图系原文插图。

责任编辑：苏　琪　特约编辑：刘红涛
印　　刷：惠州市金宣发智能包装科技有限公司
装　　订：惠州市金宣发智能包装科技有限公司
出版发行：电子工业出版社
　　　　　北京市海淀区万寿路173信箱
　　　　　邮编：100036
开　　本：889×1194　1/24　印张：9.75
　　　　　字数：156千字
版　　次：2024年1月第1版
印　　次：2024年1月第1次印刷
定　　价：78.00元

凡所购买电子工业出版社图书有缺损问题，请向购
买书店调换。若书店售缺，请与本社发行部联系，
联系及邮购电话：（010）88254888、88258888。
质量投诉请发邮件至zlts@phei.com.cn，盗版侵权举
报请发邮件至dbqq@phei.com.cn。
本书咨询联系方式：（010）88254161转1868，
suq@phei.com.cn。

www.dk.com

顾问

弗兰斯·伯克豪特教授是英国伦敦国王学院社会科学与公共政策学院的执行院长，环境、社会与气候学教授。

撰稿人

克莱夫·吉福德是英国皇家学会获奖作家、记者，曾为多本科普书籍撰稿。

丹尼尔·胡克在伦敦大学学院研究气候变化，对过去的气候模式和天气特别感兴趣。他为儿童和成人编写了一系列有关气候变化内容的书籍。

亚当·利维是一名科学记者和关注气候内容的"油管"（YouTube）博主，拥有牛津大学大气物理学博士学位。

目 录

什么是碳?

人口

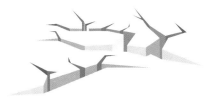

对陆地的影响

对海洋的影响

人类付出的代价

大范围的解决方案

个体层面的改变

气候变化

在45.4亿年的历史长河中，地球上的气候发生过多次变化。这些变化是由不同原因引起的，包括太阳光强度的变化、地球运行轨迹的改变、火山活动及陨石撞击等。气候发生变化大多需要数万年或数百万年的时间，其中一些气候的变化已经对地球产生了深远的影响。

我们目前正在经历的气候变化与以往都不同。在经过几十年的否认和怀疑后，我们通过科学研究收集了大量数据，表明地球大气正在以前所未有的速度变暖，而造成这一现象最主要的原因是人类活动，而不是自然变化。

在过去的两个世纪里，工业化、前所未有的人口和经济增长、城市化、砍伐森林和环境污染，给地球的土地、海洋和大气带来了巨大的影响。当前引发气候变化的主要因素是地球上不断排放的温室气体，它加剧了地球的温室效应。气候变化的后果是多重的、复杂的和多样化的，在地球的不同区域产生了不同程度的影响。

了解气候变化对当前和未来产生影响的规模和范围是调查研究人类活动与地球的相互关联的一种方式，能够帮助人类认识地球资源，了解资源的开发和使用情况。这一至关重要的行动可以揭示出气候变化影响人类生活和社会的程度，有助于人们思考如何寻找解决方案，制定减缓行动和应对策略，管理和适应现在及未来不断变化的气候。

什么是
气候变化？

地球上的环境，从冰冻的两极、幽暗的深海到炙热的沙漠，都与气候有关。科学家利用卫星和海洋漂流浮标获取数据，对地球的气候进行大量建模、测量和记录，将环境与气候的关系更清晰地展示出来。此外，利用过去的数据可以研究自然气候的变化，如分析冰河时代形成的原因，证实了全球温室效应的影响。现在的气候变化，将最终决定世界上人们称之为家园的所有地方的气候条件。

天气状况经常在几分钟、几小时或几天内发生变化，这使得天气状况比气候更难预测。

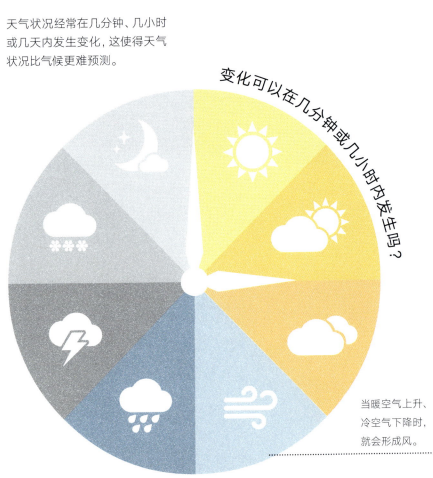

变化可以在几分钟或几小时内发生吗？

当暖空气上升、冷空气下降时，就会形成风。

天气与气候

　　天气是短期内某一特定地点的大气的状态。它由风和水蒸气的相互作用产生。在世界各地，每个人都会受到天气的影响，无论是热还是冷、潮湿还是干燥、有风还是无风。气候是指很长一段时间内天气的平均状况。气象学家通常用30年窗口期的数据来定义气候。

长期变化

气候变化过程缓慢，需要几十年的时间，而人类的影响大大加快了这一进程。

温带气候有四个不同的季节

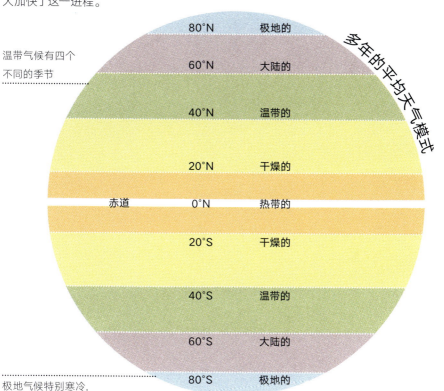

80°N	极地的
60°N	大陆的
40°N	温带的
20°N	干燥的
赤道 0°N	热带的
20°S	干燥的
40°S	温带的
60°S	大陆的
80°S	极地的

多年的平均天气模式

极地气候特别寒冷，因为一年中的大部分时间，阳光都是间接照射到两极的。

> "气候是我们期望的，天气是我们得到的。"
> 罗伯特·海因莱因

地球的大气层　　　　　温室气体

热能

短波辐射被吸收，
并以长波辐射的
形式被重新发射
出来。

辐射吸收

辐射

阳光照射
来自太阳的短波辐射不受
温室气体的影响。

温室气体反射
出一些长波辐
射，辐射的部分
能量返回地表
被重新吸收，使
地球变暖。

捕获热量

难以驾驭

　　当来自太阳的能量穿过我们的大气层被地球吸收，并以热能的形式向外释放时，就会产生温室效应。这些能量与大气中的温室气体相互作用，将一部分能量反射回地球，使地球表面温度升高。燃烧化石燃料产生的温室气体加速了这一过程，聚集了更多的热量，使地球进一步变暖。

空气中
的物质

在所有温室气体中，被大规模排放的二氧化碳是最具破坏性的，因为它通常会在大气中停留约百年；虽然甲烷和一氧化二氮也具有很大的破坏性，但被排放出来的量却很少；水蒸气的体量很大，大部分不是由人类造成的；臭氧是一种稀有气体，对温室效应的影响最小。

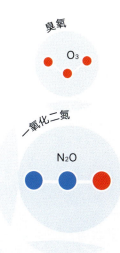

臭氧

O_3

一氧化二氮

N_2O

水蒸气

H_2O

二氧化碳

CO_2

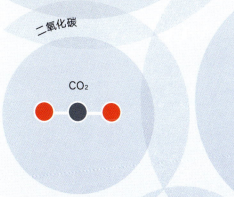

甲烷

CH_4

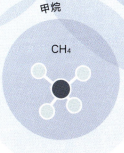

最重要的因素

所有这些气体都是造成温室效应的"罪魁祸首"。但是，甲烷、一氧化二氮和臭氧的含量很少。

温度变化

1.5℃

气候变暖是毫无疑问的。
联合国政府间气候变化专门委员会

1℃

年度异常情况
气候系统（见第16页）的变化是指每一年气温上升幅度的变化。通常，异常温暖的年份是由"厄尔尼诺"现象引起的（见对页），而火山喷发后会出现凉爽的气候。

0.5℃

越来越热

自工业革命（见第40~41页）以来，地球的平均气温一直在上升。2020年，全球平均气温比前工业化时代（1850—1900年）上升了1.2℃，与2016年并列成为有记录以来最热的年份。全球气温上升引发了许多负面影响，其中就包括已经监测到的日益频繁的极端天气（见第76页）。除非采取行动减缓这一趋势，否则情况将会更加恶化。

0℃

1960年　　　　　　　时间　　　　　　2020年

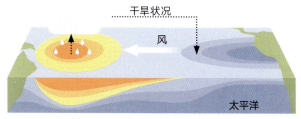

温暖的海水引发降雨

干旱状况

风

太平洋

正常情况

扭曲的气候

在太平洋，一种反复出现的被称为"厄尔尼诺南方涛动"（ENSO）的气候模式经常影响世界各地的天气变化。在"厄尔尼诺"出现时期，强降雨遍布太平洋，而风向逆转增加了印度和澳大利亚等区域出现干旱的风险。"厄尔尼诺南方涛动"是一个自然循环事件。如果全球平均气温持续上升，预计其发生的频率将从每20年一次变成每10年一次。

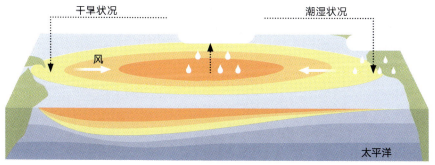

温暖的海水引发降雨

干旱状况

潮湿状况

风

太平洋

"厄尔尼诺"现象

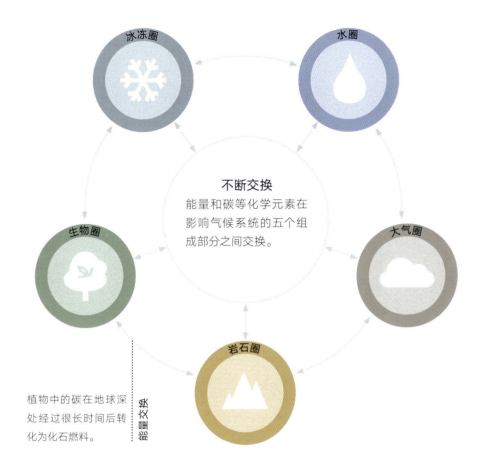

冰冻圈

水圈

不断交换
能量和碳等化学元素在影响气候系统的五个组成部分之间交换。

生物圈

大气圈

岩石圈

植物中的碳在地球深处经过很长时间后转化为化石燃料。

能量交换

微妙的平衡

气候系统将地球的五个主要组成部分联系了起来。五个组成部分相互影响，决定了天气和气候模式。大气圈（空气）与岩石圈（地壳）、生物圈（生命物质）、冰冻圈（雪和冰）和水圈（水）相比，其变化通常是最快的。我们对气候系统的每个组成部分都进行了测量和分析。

从稀薄的空气中消失

　　地球大气层约1万千米厚，由5层结构组成。对流层是最接近地球表面的大气层，平均高度为16千米。天气现象都在这一层产生，温室气体在这里捕获热量使地球变暖（见第12页）。在平流层中，臭氧阻挡有害的紫外线到达地球表面。中间层能够保护地球表面不受陨石的影响，陨石在进入中间层时会燃烧起来。热层比对流层高50倍，是大气层最热的一层，最高温度可达2000℃。在它之上，高度超过几千千米的外逸层与太空融为一体，约为地月距离的一半。

多个分层
大气层，特别是对流层，越靠近赤道高度越高，从赤道向南北两极高度减小。这5层是根据温度划分的。

外逸层

热层

中间层

平流层

对流层

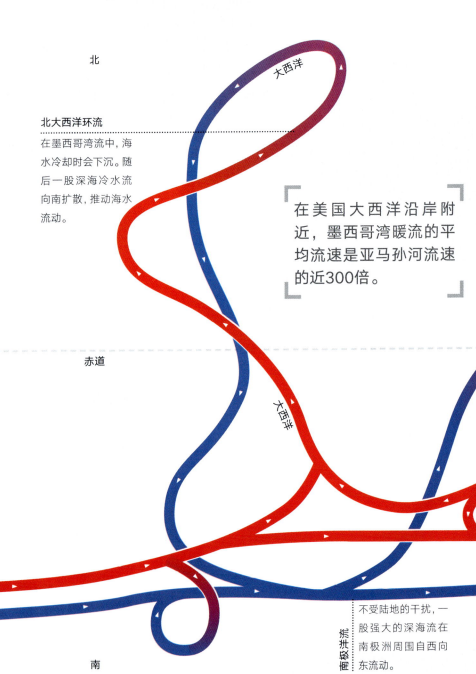

北

大西洋

北大西洋环流
在墨西哥湾流中，海
水冷却时会下沉。随
后一股深海冷水流
向南扩散，推动海水
流动。

在美国大西洋沿岸附
近，墨西哥湾暖流的平
均流速是亚马孙河流速
的近300倍。

赤道

大西洋

南极洋流

不受陆地的干扰，一
股强大的深海流在
南极洲周围自西向
东流动。

南

随着洋流流动

海水在全球洋流循环系统的作用下不断流动。这个系统在世界范围内驱动热量的交换。较暖的表面流（红色表示）主要由风驱动，而寒冷的深流（蓝色表示）由水温和盐度的变化驱动。一些科学家认为，全球气温上升可能导致全球洋流循环系统的循环减速。这可能加剧世界各地的极端天气情况和温度变化。

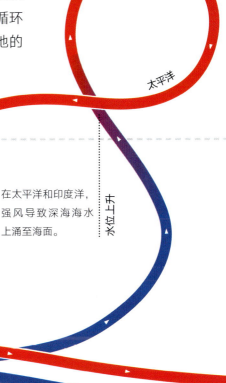

太平洋

印度洋

在太平洋和印度洋，强风导致深海海水上涌至海面。

水位上升

表面洋流将印度洋和太平洋的海水与大西洋连接起来。

向西流

南大洋

失控旋转

　　临界点是一个阈值，一旦系统在这个阈值发生了根本性的转变，就不可能回到以前。人们担心气候系统的许多部分正处于跨越临界点的危险之中。例如，多年来海洋温度的上升导致珊瑚礁死亡事件增加。专家警告说，根据珊瑚白化的规律，可能很快就会超过一个临界点，接近每年一次。对于这个问题及其他的临界点，我们仍有时间采取行动，以免为时过晚。

珊瑚礁死亡

冰盖融化

海洋环流减弱

雨林减少

季风转变

平衡危机

应对气候变化意味着同时应对各种全球挑战——就像旋转多个盘子一样。

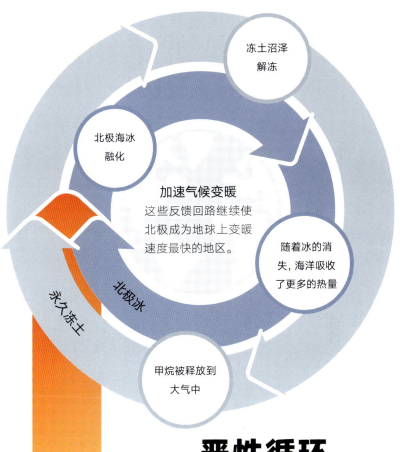

冻土沼泽
解冻

北极海冰
融化

加速气候变暖
这些反馈回路继续使
北极成为地球上变暖
速度最快的地区。

随着冰的消
失，海洋吸收
了更多的热量

永久冻土

北极冰

甲烷被释放到
大气中

温度的升高

恶性循环

　　反馈回路是气候变化的影响因素，可以增强
（正向反馈）或减弱（负向反馈）原始变化的
影响。虽然气候变化的许多方面都可以对个人
行为做出良好的反应，但大多数反馈回路只能
通过减缓全球平均气温的上升来缓解。如果不
能有效减缓气温升高，继续出现如大量海冰融
化无法反射光的情况，反馈回路将继续恶化。

纵观全局

气候数据是人们通过多种途径收集的。将人们在地面测量的温度
与卫星测量的温度相结合，可以提高数据的可信度。

土地　　　　　海洋　　　　　大气　　　　　卫星

收集信息

衡量气候是了解气候变化模式的关键。地面气温、气
压、雨量等地表变量均由气象站直接测量。以往海洋数据
是由船只在海面记录的，但最近人们专门建造浮标实现了
从海洋更深处收集数据的目标。在大气层高处的测量是通
过飘浮的气球协助完成的。卫星大大增加了可收集气候数
据的总面积，并将测量范围延伸到极地地区。

2016年，人们在一个南极冰芯中发现了270万年前的冰，这是有记录以来最古老的冰。

大气的记录

冰芯记录了所有大到足以在大气层留下痕迹的事件，比如核爆炸和火山爆发。

冰芯

了解过去的窗口

20世纪50年代，为了寻找地球上二氧化碳排放的长期记录，科学家们开始在南极洲钻探深层冰芯，测量冰层中数千个微小气泡中二氧化碳的浓度。从冰芯中发现的最久连续记录为80万年，显示大气中的二氧化碳从180ppm到300ppm（百万分之一）不等。然而，自工业革命以来（见第40~41页），这一数字迅速增长，到2020年达到了414ppm。这种上升是人类对气候影响的结果。

使用核武器

1945—1959年

人们在冰芯中发现了1945年的长崎原子弹爆炸，以及20世纪50年代核武器试验的独特放射性同位素。

喀拉喀托火山

1883年

巨大的火山喷发后，地面上积了薄薄的一层灰烬，这些灰烬在冰芯中很容易就被识别出来了。

冰芯中的二氧化碳在过去的冰期达到了最低值，这表明大气中二氧化碳的存在与温度有较大的关系。

采集冰芯

当雪被压实成冰时，会形成气泡，这些气泡可被冰冻数百万年。目前人类已钻取到冰下3千米处的深冰芯。

最近的冰河期

18 000年前

气候模型如何运作

气候模型利用每秒能进行数万亿次计算的超级计算机，测量能量、水分和碳在网格单元之间的水平和垂直转移。

进行模拟

气候模型将地球上的陆地、大气和水体划分成一个三维网格单元。气候系统内的运动可以是垂直的，比如水的上升；也可以是水平的，比如风的运动。随着计算机计算能力的提高，气候模型变得更加先进，包括更复杂的过程，如冰盖动力学。通过输入人类排放的不同量的二氧化碳，科学家可以模拟过去、现在和未来的全球气候。尽管存在复杂的不确定性，但气候模型仍然是帮助我们了解气候变化的有效工具。

从表面上 利用气候模型计算地面和大气之间的水分、温度、灰尘和碳等物质的交换。

准确地模拟水分的垂直运动是模拟大气行为的关键，特别是降雨的分布和强度。

气候模型能够准确地反映大气和海洋环流的特点。为了做到这一点，人们模拟了热量和水分的水平交换。

自上而下的视角

从全局角度很容易看出，这些三维网格必须计算出在各个方向发生的大量复杂交互的影响。

什么是碳？

碳是一种在储存物之间自然移动的**元素**，主要存在于大气、海洋、植被和岩石圈。大气中储存的碳，以温室气体的形式反映了温室效应的强度。人类探索地球的进程加速了碳从地表深处的储存物（如化石燃料）中向大气和海洋中其他储存物的转移。为了根据《巴黎气候协定》限制全球平均温度的上升，必须将大气中温室气体的浓度稳定下来，因此产生这些气体的相关人类活动就需要脱碳。

化石燃料的副作用

　　造成大量温室气体排放的最主要的行为是燃烧化石燃料。煤和石油主要用于发电厂发电，有一小部分用于家庭取暖和烹饪。自工业革命以来，煤炭一直是温室气体主要的排放源。燃烧每单位煤炭能量释放最多的是二氧化碳，同时煤炭也是污染最严重的燃料。石油用于运输领域，汽油和柴油等燃料在内燃机中燃烧。

全球约85.5%的二氧化碳排放来自化石燃料和工业生产（2019年）。

石油的多种用途
从地下提取的原油必须在高温下蒸馏（分离）成可用的形式。较小的分子，如汽油，沸点较低，在蒸馏塔的高处冷凝。

原油

蒸馏

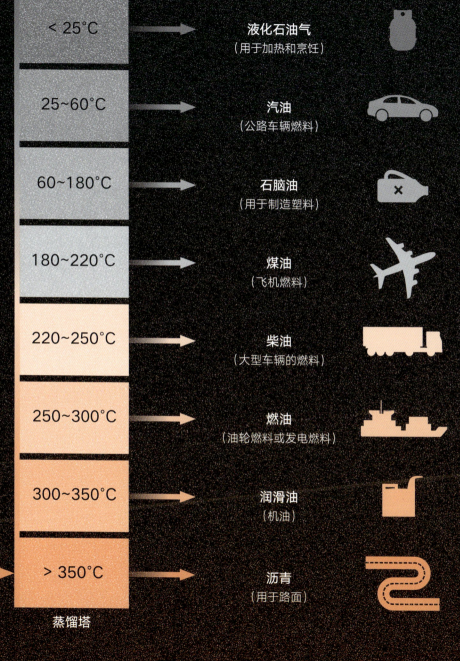

< 25°C → **液化石油气**
（用于加热和烹饪）

25~60°C → **汽油**
（公路车辆燃料）

60~180°C → **石脑油**
（用于制造塑料）

180~220°C → **煤油**
（飞机燃料）

220~250°C → **柴油**
（大型车辆的燃料）

250~300°C → **燃油**
（油轮燃料或发电燃料）

300~350°C → **润滑油**
（机油）

> 350°C → **沥青**
（用于路面）

蒸馏塔

太阳

大气

空气中的碳

平均而言，二氧化碳会在大气中停留300~1000年。

日光之下并无新事

　　在较短的时间尺度内，碳在碳储存或碳汇之间自然循环，包括大气、海洋和生物圈。在较长的时间尺度里，碳通过碳储存的方式从这个循环中被移除，比如历经数百万年形成化石燃料。人类活动正在将这些长期积累的碳储存释放到大气中。虽然通过碳汇不断更多地吸收大气中二氧化碳的量，但排向大气中的碳量仍在增加。

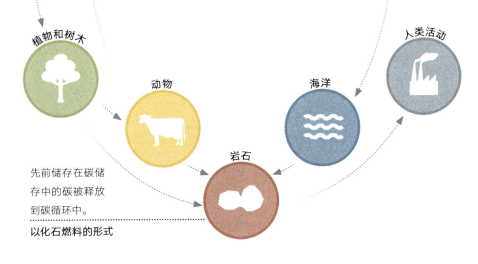

植物和树木

动物

海洋

人类活动

岩石

先前储存在碳储存中的碳被释放到碳循环中。

以化石燃料的形式

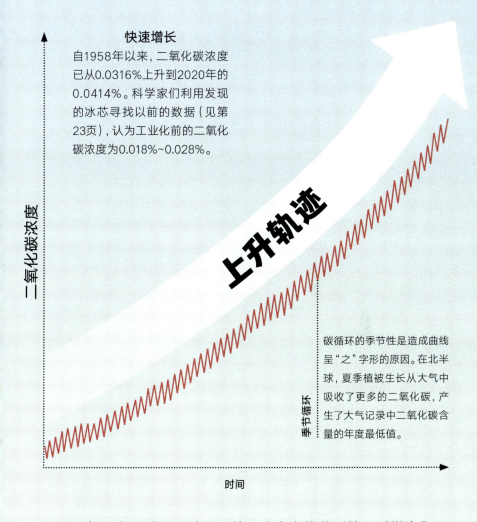

快速增长

自1958年以来,二氧化碳浓度已从0.0316%上升到2020年的0.0414%。科学家们利用发现的冰芯寻找以前的数据(见第23页),认为工业化前的二氧化碳浓度为0.018%~0.028%。

上升轨迹

二氧化碳浓度

季节循环

碳循环的季节性是造成曲线呈"之"字形的原因。在北半球,夏季植被生长从大气中吸收了更多的二氧化碳,产生了大气记录中二氧化碳含量的年度最低值。

时间

　　1958年,在夏威夷冒纳罗亚的一个高海拔监测站,科学家们开始测量大气中的二氧化碳含量。在该站采集到的二氧化碳记录显示,此后大气中的二氧化碳含量呈连续上升趋势。这一数字被称为"基林曲线",以美国科学家查尔斯·基林的名字命名。自2000年以来,随着人类排放的增加,大气中二氧化碳含量的增长速度比以往任何时候都要快。

强烈的共识

尽管错误信息和否认气候变化的观点在全球范围内传播，但科学家们一致认为气候变化主要是由人类造成的。科学家们使用气候模型（见第24~25页）开展研究，准确估计人类活动造成全球变暖的程度。更重要的是，根据人们对全球变暖影响的实时观测，通过如融化的冰（见第88页）、干燥的沙漠和漂移的洋流（见第18~19页）得到的数据也表明了这一观点。

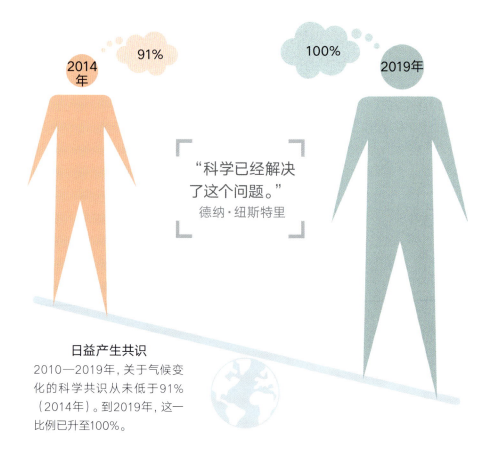

2014年 91%

100% 2019年

"科学已经解决了这个问题。"

德纳·纽斯特里

日益产生共识

2010—2019年，关于气候变化的科学共识从未低于91%（2014年）。到2019年，这一比例已升至100%。

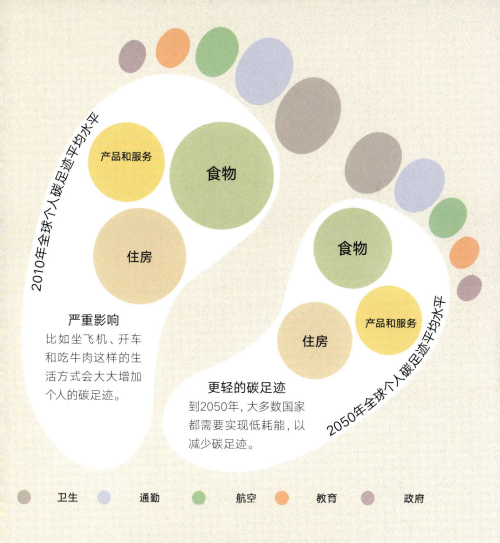

2010年全球个人碳足迹平均水平

产品和服务

食物

住房

严重影响
比如坐飞机、开车
和吃牛肉这样的生
活方式会大大增加
个人的碳足迹。

食物

住房

产品和服务

2050年全球个人碳足迹平均水平

更轻的碳足迹
到2050年，大多数国家
都需要实现低耗能，以
减少碳足迹。

● 卫生　　● 通勤　　● 航空　　● 教育　　● 政府

关注你的碳足迹

　　社会的发展依赖于产生碳足迹的工业、服务或活动。个人、企业或产品排放到大气中的温室气体总量称为碳足迹。高收入群体的碳足迹通常比低收入的更多。任何个人或企业都可以采取措施减少他们的碳足迹，这样做是对抗气候变化的有效方法。

你的碳预算是多少?

在全球气温上升超过一定限值之前可以排放出有限数量的碳,这一数值被称为碳预算。虽然碳预算可作为任何温度上升的限制,但大多数取决于《巴黎气候协定》中概述的1.5℃的限制。除非排放量达到零,否则我们的碳预算每年都在减少。我们排放的碳越多,消耗的预算就越多,对气候的影响就越糟糕。

1850年

2020年

还剩下什么?
专家认为,如果碳排放继续保持在2020年的水平,1.5℃的碳预算可能在10年内耗尽。

缓解努力

气温上升

时间不多了
到2020年，全球平均气温已经比工业化前上升了1.2℃。如果不迅速采取行动，这个数字可能超过1.5℃，达到2℃。

致命的阈值
气温升高2℃或以上将引发气候的根本变化。

一定程度的关切

　　国际研究人员称要将全球变暖幅度控制在1.5℃以内，上升2℃对人类和大自然的风险会显著增加。当上升2℃时，已经受到气候变化严重影响的珊瑚礁（见第104页）将几乎消失，而极端天气将变得更加普遍和剧烈。在气候变暖过程中，即使阻止气温升高一点点，都能阻止或削弱气候变化带来的影响，如野火（见第84页）、热浪和洪水是否发生及它们的破坏程度。

淘汰煤炭

停止毁林

使用电动汽车

改变我们的技术

升级现有的可再生能源技术，逐步淘汰煤炭，努力实现净零排放的关键一步。

建设可再生能源

改造我们的房屋

将家庭能源需求降低80%的技术现在已经出现了（见第126~127页）。然而，这一技术的普及应用还需要大规模的生产部署，以及行之有效的解决方案。

改造房屋

脱碳电力

增加公共交通投入

一个更加绿色的未来

利用风能和太阳能取代煤炭和石油发电是各国政府已经开始实施的一系列战略之一。然而，要从工业材料生产中消除碳排放却很难实现。

截至2020年，195个国家中只有6个（包括英国和瑞典）制定了具有法律约束力的净零排放目标。

为了稳定全球平均气温，人类活动产生的碳排放需要达到净零目标。净零的目标是不再让大气中的碳总量增加，将当下二氧化碳的排放量同消除量对等抵消。碳汇（自然环境，如森林，吸收碳）的发生是实现这一目标的一种方式。首先，要减少碳排放，就需要用无碳替代品来替代排碳能源，尤其是化石燃料。个人和企业也可以通过减少碳足迹来共同促进这一目标的实现（见第33页），比如多选择公共出行方式，减少使用私人代步工具。

脱碳材料

减少食物浪费

实现净零排放的步骤

全球人口数量从1.5亿逐渐增长，在17世纪中期达到5亿，这一过程用了大约2700年的时间。从这以后，人口数量开始急剧增长，预计到2050年将超过97亿。紧随农业进步的是技术创新和医疗水平的提高，这些创新降低了婴儿的死亡率，改善了公共卫生条件，增加了预期寿命。自17世纪50年代以来，世界人口数量几乎增长了16倍，这极大地扩大了人类对环境的影响。

烟尘污染

工业系统
在工业化之前，劳动者在家中劳作。但是，随着劳动者在城市中心的工厂工作成了新的常态，工作时间开始变长，工作条件较差。

自工业革命以来，人类活动使大气中的二氧化碳浓度增加了48%。

劳动力增加

随着大规模生产需求的爆发，对低技术工人的需求也随之激增，大量工人涌入城镇的工厂工作。

这一切是如何开始的

从18世纪中期开始，欧洲和美国逐渐从农业经济转向以城市工业和大规模生产为主导的经济。这场席卷全球的革命，主要是由钢铁工厂系统中的煤炭燃烧和蒸汽机的兴起推动的。从19世纪中期开始，蒸汽机成为许多国家的主要动力来源。随后，内燃机技术等得到广泛应用。在现代，工业经济的增长仍然给地球带来了不好的影响甚至更严重。

排放到大气中

拥有大量工作人口的新工业中心和以化石燃料为基础的技术创新都见证了全球空气污染指数的飙升。

煤

未来事物的形态

20世纪70年代之前，人类寿命短，死亡率高，5岁以下儿童在全球人数中占比最大。此后，较低的出生率和不断改善的医疗保健条件导致人口出现老龄化。老年群体更容易受到气候变化的某些影响，如高温等。此外，这些群体的碳足迹往往比年轻群体更多（见第44~45页）。

改变人口结构

自1970年以来，全球出现了人口老龄化趋势。从2015年到2060年，预计60~79岁的人口数量将增加11亿，是儿童和青少年人口增长速度的5倍多。

75岁

50岁

25岁

5岁

年龄组

占全球人口的百分比   3%   6%

● 2060年   1970年

进入城市

超大城市成为经济中心。各类工作机会吸引着新居民，他们面临着严重的空气污染、紧张的公共服务和拥挤的生活。

逐渐产生的问题

城区常住人口1000万以上的城市称为超大城市。1950年，纽约和东京是世界上仅有的两个大城市。如今，全球超大城市已经超过30个，到2030年预计将超过40个。如果城市的快速发展没有经过规划，就可能超过已有基础设施的承载力和服务的能力，导致排放和污染失去控制，公共卫生服务系统崩溃，固体废物数量和工业废物数量增加。许多超大城市是排放温室气体的主要地点，其影响远远超出其城市范围。

0~90岁

战后
北美和欧洲是全球人均寿命最长的国家，远远超过全球平均47岁的预期寿命。

64岁

60岁

61岁

37岁

43岁

47岁

1950—1955年

活到高龄

　　1800年，全球人类平均寿命不到35岁。到2020年，这个数字增加了一倍多，达到73岁。这主要是因为人们改善了卫生、健康教育和医疗条件。高收入国家和低收入国家的预期寿命差距很大。在世界各地，人均寿命延长导致个人碳足迹增加，给自然资源带来了压力。

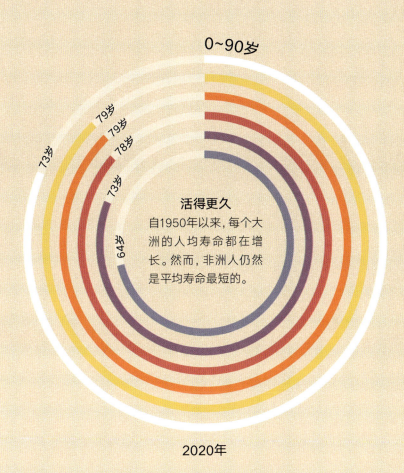

0~90岁

活得更久

自1950年以来,每个大洲的人均寿命都在增长。然而,非洲人仍然是平均寿命最短的。

79岁
79岁
78岁
73岁
73岁
64岁

2020年

颜色对应内容

⚪ 世界平均年龄　　🔴 美洲
🟡 大洋洲　　🟣 亚洲
🟠 欧洲　　🔵 非洲

> 在日本出生的孩子平均寿命为84岁,比在尼日利亚出生的孩子大近30岁。

食物和资源

自20世纪60年代以来，谷物等**农作物的产量提高**，全球粮食产量跟上了人口增长的步伐，但这是以牺牲其他资源和环境为代价的。农业种植占据了地球上大约一半的宜居土地，消耗了世界淡水供应的70%。虽然粮食产量上升，但贫穷、浪费、冲突和不平等问题每年仍会造成数百万人饥饿和营养不良。

粮食的成本

大量投入机械、劳动力、杀虫剂和化肥，使单位面积的作物产量高于其他耕作系统。赞同这一做法的人们声称，它确保了持续产出大量的平价粮食，能够满足日益增长的世界人口的生存需求。然而，批评人士则强调了这些因素对环境的影响，包括土地开垦导致生物多样性的丧失、污染的加重、种植单一作物使土壤质量下降，以及工厂化养殖牲畜忽视潜在的健康风险。这些牲畜被挤在巨大的棚屋里或被关在笼子里，被迫以不自然的速度生长。

土壤养分消耗

机械化

在种植和收获过程中大量使用机械化工具，推动了化石燃料的使用，加大了对环境的污染。

单一耕作模式

在一个地区反复种植单一作物会降低生物多样性，导致土壤养分迅速耗尽。

工厂化养殖

动物密集地挤在小笼子里，并可能被喂食添加了抗生素和激素等添加剂的合物，这一做法在预防疾病感染的同时催动了动物快速生长。

化学喷洒

土地开垦

争夺土地

为了种植更多的粮食作物，需要开垦新的土地，这引发了大规模的土地清理，对野生动物和当地社区造成了严重的影响。

"工业化的粮食体系对实现农业潜在的气候效益构成了障碍。"

劳拉·朗尼克

高产农业

集约化农业带来了更高的农作物的产量，但也付出了巨大的环境代价。其影响是多层次的，包括农业机械的高排放、生物多样性的降低，以及杀虫剂和化肥径流造成的污染（见第50~51页）。

催动生长

1913年，哈伯-博施法的发现推动了将大气中的氮转化为氨的工业化生产。将氨添加在人工肥料中，可以丰富土壤的矿物质，提高农作物的产量。全世界的农场现在每年需要消耗约两亿吨的人工肥料，但这么做是有代价的。哈伯-博施法的应用消耗了全世界约1%的能源，而化肥会破坏水生生态系统，导致温室气体一氧化二氮的排放量增加。

藻类覆盖水体（营养激增）

过多的营养

富营养化是指营养物质刺激藻类生长的过程，藻类会耗尽水中的氧气，并阻断其他生命所需的阳光，从而杀死水生态系统中的生物。

植物和动物的死亡

肥料渗入河流

渗入土壤

微生物

土壤中的真菌和细菌会分解死去的有机物质，向大气中释放一氧化二氮。

降雨和灌溉导致肥料中的一些营养物质从土壤中流失，渗入河流、湖泊和沿海海水域。

集约化耕作方式依赖于含有大量营养物质的肥料，如氮、磷和钾。

我们食物链中的毒素

　　许多杀虫剂被誉为化学奇迹，极大地提高了农作物的产量。但事实证明，它们的毒性不只是消灭了昆虫、真菌和植物害虫。自19世纪50年代以来，它们的使用量提高了50倍，与此同时，它们在土壤、水源和食物链中的日积月累，也影响了其他动物的数量。杀虫剂还会导致无害或有益物种数量的减少，破坏生物多样性（见第86页）。

食物链顶端的动物摄取到体内的杀虫剂毒素的浓度最高。

高浓度污染

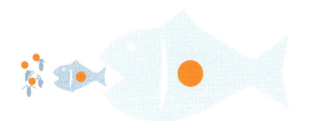

生物放大作用

较大的生物会吃很多较小的生物来满足它们的饮食需求，而少量的毒素会留在其体内，并通过食物链在各级生物体内逐渐积累。

削减防御措施

　　根据联合国粮农组织的数据显示，自20世纪90年代以来，地球上420万平方千米的森林已经消失。这一面积相当于法国国土面积的6.5倍。导致出现这一现象的关键原因是人们为扩张农业用地而清理土地。损失大量丰富的栖息地，不仅威胁到生物多样性，削弱了森林碳汇的重要作用，还减弱了树木及其根系保护土壤覆盖层和防洪的功能。

快速下降

对土地和资源需求的增加导致了自工业革命（见第40~41页）开始以来人们大规模砍伐森林。温带森林的净损失在20世纪90年代达到顶峰。

关键点

森林的减少

● 温带森林　　　● 热带森林

热带森林损失

在这50年间，净损失超过5.4亿公顷。

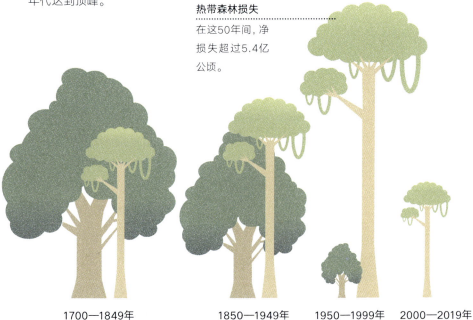

1700—1849年　　　1850—1949年　　　1950—1999年　　2000—2019年

捕捞

将近三分之一的鱼类种群被过度捕捞,给鱼类保持种群数量带来压力。

61%鱼类种群被完全捕捞

29%的鱼类资源被过度捕捞

10%的鱼类资源捕捞不足

为了满足全球对鱼类和海产品日益增长的需求,人们在海洋中大肆捕捞,对鱼类资源和生态系统造成了破坏。在过去的50年里,由于过度捕捞而濒临灭绝的鱼类数量增加了两倍,因为繁殖种群的数量已经少到无法恢复平衡的状态,食物网数量也因此减少。不加分类地拖网捕鱼和海钓每年约杀死3 000多万吨副渔获物(捕鱼作业中意外死亡的动物)。随着水产养殖的增多,逐渐满足了人们对海产品的部分需求。

海洋中鱼类的数量减少

入侵

　　无论是通过贸易、运输，还是受气候变化的影响，许多物种在原生范围之外出现，对新入家园的生物和生态系统造成了严重破坏。当入侵物种摆脱了自然环境的制约和捕食时，它们的数量会迅速增长，并与本土物种争夺资源。这一行为可能造成本地物种濒临灭绝，降低生物多样性，破坏脆弱的生态系统平衡。

山松甲虫

这些山松甲虫"杀"死了松树，影响了北美数百万公顷的森林。暖冬气候使这些山松甲虫有机会向北扩展自己的活动范围。

> "气候变暖可能让一些入侵者前往更远的地方。"
> 理查德·普雷斯顿

海藻

杉叶蕨藻在它的原生地太平洋之外，被认为是一种高度入侵的物种。它对其原生地以外的地区是否有负面影响是有争议的。

狮子鱼

狮子鱼是一种贪婪的进食者。作为一种入侵物种，它可以在短短6周内吃掉珊瑚礁栖息地一半的鱼。

甘蔗蟾蜍

1934—1935年，在澳大利亚有2400只南美甘蔗蟾蜍被放生，用来对付甘蔗种植园里的害虫。现在，澳大利亚的南美甘蔗蟾蜍数量已多达10亿~15亿。

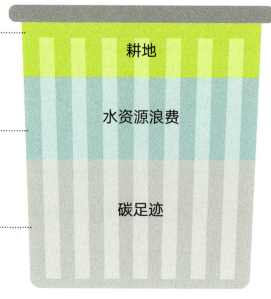

没有营养

据联合国粮食及其生产资源被浪费了。每个环节都有浪费现象，包括最初的生产、分类、运输、零售和家庭消费。在发达国家，大约40%的食物浪费发生在零售阶段。浪费的食物，特别是腐烂的食物会产生大量温室气体并排放出来，会产生甲烷。

据联合国粮食及其生产资源被浪费了。

每年有约13亿吨的食物被浪费。

土地浪费

据估计，那些损失和被浪费的粮食占全世界农田产量的28%。

水资源

据估计，浪费的食物每年消耗250立方千米的水。

碳成本

据估计，浪费食物的碳足迹为33亿吨，相当于有33亿吨的二氧化碳被释放到了大气中。

耕地

水资源浪费

碳足迹

水足迹

每天人均15~540升的直
接用水量只是冰山一角，买的
东西和消耗的东西都涉及水。水足
迹可以测量人们消耗和污染的水。它
们可以针对从供应链到最终用户交付的
个人、流程或产品的整个生产周期进行
计算。

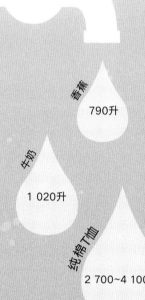

香蕉
790升

牛奶
1 020升

纯棉T恤
2 700~4 100升

面包（小麦）
1 608升

鸡肉
4 325升

牛肉
15 415升

大脚印
此处以每千克食品需要消耗多少升水为标准显
示了一些常见食品的平均水足迹。一件棉T恤的
平均水足迹取决于面料的厚度。

消费增长

所有形式的消费都可能导致气候变化。在较富裕的国家，消费的"贡献"更大，但经济发展正在推动许多较贫穷国家的消费。其结果是，目前全球人均排放量约为每人4.8吨——这是自1950年以来翻了一番的结果，而且排放量还在继续攀升。虽然一些行业正在削减碳排放，但从电子产品到时尚商品，更多的东西有了一次性产品，污染也更严重。许多国家似乎已经削减了消费生产，但实质只是将产品的生产转移到其他国家。

廉价又不清洁的能源

自工业革命以来，人们通过燃烧煤炭（见第40~41页）获得廉价的电力，但使用煤炭这种能源是有代价的。烧煤既不清洁又可能致命，它产生的二氧化碳比燃烧天然气多50%。据估计，烧煤造成污染导致的生命损失至少是其他能源的3倍。在许多经济较发达的国家，煤炭使用量已急剧下降，一些产煤国家已经在计划完全淘汰煤炭。

排出的烟雾

被污染的空气

在现代工厂，废气是经过清洁处理后排放的。然而很久以前，有害排放物都是不经处理就被直接排放到大气中的。

煤颗粒被部分过滤

向炉膛供应煤

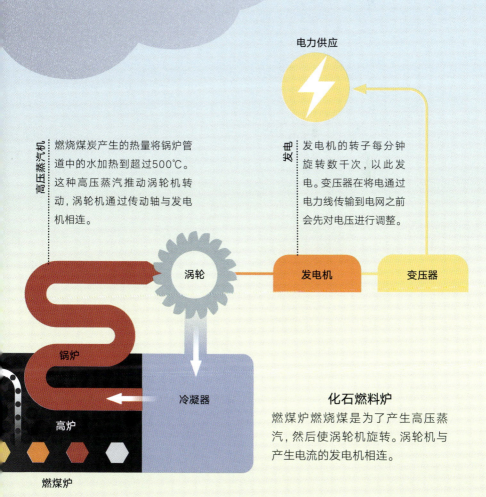

"燃煤发电站是死亡工厂。"
詹姆斯·汉森

高压蒸汽机
燃烧煤炭产生的热量将锅炉管道中的水加热到超过500℃。这种高压蒸汽推动涡轮机转动，涡轮机通过传动轴与发电机相连。

电力供应

发电
发电机的转子每分钟旋转数千次，以此发电。变压器在将电通过电力线传输到电网之前会先对电压进行调整。

涡轮

发电机

变压器

锅炉

冷凝器

高炉

化石燃料炉
燃煤炉燃烧煤是为了产生高压蒸汽，然后使涡轮机旋转。涡轮机与产生电流的发电机相连。

燃煤炉

毁灭之路

　　道路车辆排放的温室气体是导致气候变化的主要驱动因素，排放的温室气体占全球温室气体排放量的10%以上。在所有的道路车辆中，大型汽车对环境的破坏尤其严重，例如越野车，但没有迹象表明大型汽车的受欢迎程度下降。目前，大型汽车占全球汽车销量的39%，而2010年这一比例只有17%。气候活动家为减少污染和有害气体的排放所做的努力通常包括建议人们选择公共交通工具、骑自行车和步行出行，这些都有助于最大限度地减少短暂和不必要的自驾旅行。

摩托车（103克）

公共汽车（105克）

中型汽车（192克）

大型车（283克）

车辆对比

不同交通工具的排放可以用每名乘客每行驶1千米所排放的二氧化碳（包括其他温室气体）的克数来衡量。

高耗油

自2010年以来，全球越野车日益普及，驾驶越野车排放的温室气体超过了同一时间段内驾驶飞机飞行的排放量。

飞行时制造的云

飞机释放被人们称为"尾迹"的蒸汽痕迹形成的卷云可以持续数分钟或数小时。这些云可以"捕获"从地面上升的热量，大大加剧了全球变暖的趋势。

航空业的二氧化碳排放量约占全球的2.4%。

处于混乱状态

很少有与交通相关的导致气候变化的原因像飞机飞行一样"臭名昭著"，这么说是有充分理由的。一次长途飞行产生的二氧化碳比许多人全年的碳足迹（见第33页）还多。飞机除排放二氧化碳外，还会释放出其他污染物，使旅程的整体升温效应提高了3倍。在新冠病毒全球大流行开始之前，飞行数据每年都在提高。如果这一趋势恢复并持续下去，到2050年航空排放可能消耗掉我们降温1.5℃碳预算的四分之一。

重工业

金属、化学品和水泥的生产都都依赖化石燃料，所有这些都导致了严重的排放污染。例如，生产1吨钢铁平均产生1.9吨二氧化碳。这个趋势没有减缓的迹象，因为人们对钢铁和水泥的需求已经增加了一倍多。到目前为止，只存在少数昂贵的低碳替代品。对许多重工业来说，最可行的替代能源是氢气，需要通过一个被人们称为"蒸汽甲烷重整"（SMR）的过程产出。

工业生产
重排放行业中41%的二氧化碳来自燃烧化石燃料产生的热量，这些热量随后被用于生产钢铁、水泥和石化产品等。

重工业排放的二氧化碳
占全球二氧化碳排放量
的22%左右。

避免灾难

重工业对许多国家的经济发展起着关键
作用，这使得有效脱碳变得困难。如果不
开发和采用化石燃料的高温热替代品，
重工业将继续在破坏地球环境方面起主
要作用。

在欧盟国家销售的所有衣服中，80%没有回收。

具有破坏性的行业

2019年，英国政府的一份报告显示，纺织业对气候变化的影响超过了航空业和航运业的总和。

棉花生产

世界上22.5%的杀虫药和10%的杀虫剂

时尚界

占所有二氧化碳排放量的

10%

一次性时尚

　　每年有800亿~1 000亿件新衣服被人们购买。这个数字在过去20年里增加了400%。这些衣服大多是快时尚的——价格便宜，不耐用，产量高。快时尚品消耗了大量的资源，产生了大量的温室气体。对于快时尚衣服，人们只穿很短的时间，它们被认为是一次性的。人们很少回收这些衣服，绝大多数衣服被焚烧或埋在垃圾填埋场，衣服里的聚酯纤维及其他合成纤维可能需要几个世纪才能被降解。

浪费的世界

2018年，全球年度城市固体废物超过20亿吨。其中，只有13.5%被回收，其余的则通过倾倒、填埋和焚烧进行处理。这些方法损害了生态系统并造成了污染，包括产生大量的温室气体——每一吨垃圾大约排放1吨二氧化碳。一次性塑料（见第105页）在废物流中占相当大的一部分。它们大量存在，这种质地的材料缺乏生物降解性，引发了严重的生态问题。

热塑性塑料

使用热塑性塑料制作的物品包括饮料瓶、袋子、容器、托盘和食品包装膜。热塑性塑料可反复加热和重塑，易于回收。

热固性材料

使用热固性材料制成的产品包括热饮杯、餐具、瓶盖和微波碟。这些物品都不能轻易回收。

抛弃型社会

企业改革和政府行动是打击过度浪费的关键。个人也可以采取行动，回收和再利用物品，减少使用一次性塑料用品。

对大气的影响

温室效应始于环绕地球的气体层。当更多的热能被这些气体困在地球大气层中时，空气温度就会升高，这就是工业革命以来全球气温上升的原因。大气变暖也会影响水循环，大量地球表面的水在大气中变成水蒸气时，增加了热带气旋的负荷，促使极端降雨事件更加频繁和强烈。燃烧化石燃料也产生了物理污染，能直接引发呼吸系统疾病。

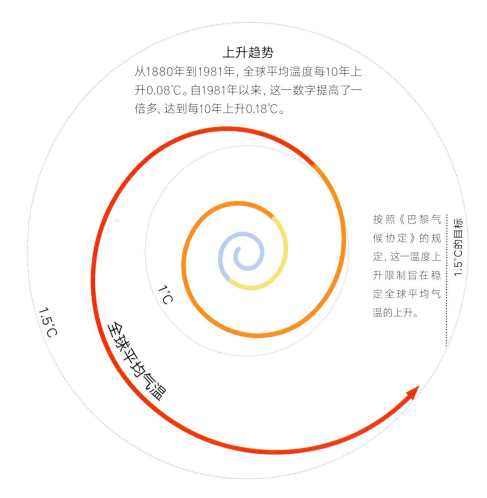

上升趋势

从1880年到1981年，全球平均温度每10年上升0.08℃。自1981年以来，这一数字提高了一倍多，达到每10年上升0.18℃。

按照《巴黎气候协定》的规定，这一温度上升限制旨在稳定全球平均气温的上升。

1.5℃的目标

1℃

1.5℃

全球平均气温

无法承受高温

全球平均气温上升是最常被报道的气候变化的影响。2020年，全球平均气温约为14.9℃，看起来仍然很低，但这是跟踪气候变化速度一个有用的指标。在全球范围内，温度变化的分布并不均匀。例如，北极变暖的速度是全球平均变暖速度的3倍。然而，自工业革命（见第40~41页）以来，地球上几乎所有地方的温度都上升了。

随着测量气候变化方法的改进，科学界已经形成了一种共识，即气候危机主要是由人类活动引起的（见第32页），诸如太阳辐射的自然变化等其他理论不再可信。人类活动导致的二氧化碳排放与全球变暖之间的科学联系最早出现在1896年。如今，最先进的科学分析模型表明，如果不是工业革命导致的温室气体排放激增，全球平均气温在过去200年几乎不会发生变化。

危机是我们造成的

这是由人类引发的问题

科学家已经开发出一种计算人类对极端天气事件（见第75页）影响程度的方法。这一科学领域被人们称为"极端事件归因"。总的来说，通过这些研究人们发现，这些事件的强度和规模往往会因人类的活动而加剧。

热浪

极端风暴

洪水

野火

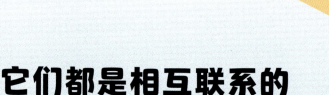

人类健康

人类社会的发展依赖气候条件，而气候条件会影响食物和淡水供应等。人类的许多活动都在全球或部分区域影响着气候。

它们都是相互联系的

气候卫生、人类健康和生态系统健康存在不可分割的联系，相互影响。从农业到制造业的人类活动影响着自然环境，并直接影响着大气、海洋和陆地生态系统的健康。生物圈的变化对包括人类在内的所有生命都产生了影响。植物和动物群落与自然环境之间存在的联系和反馈回路（见第21页），意味着一个系统的变化对全世界都有影响。气候变化导致的各种结果发生得太快，其他组成部分无法适应，削弱了各自的复原力。

生态系统健康

树木和海洋浮游生物是大气中二氧化碳的主要调节者。植被覆盖率对当地气候和人类活动有重大影响。栖息地的丧失增加了人与动物之间的互动，提高了产生跨越物种屏障的新疾病的风险。

全球健康

气候卫生

稳定的气候对居住在世界各地的人类和动物群落类型有很强大的影响。

"事实是：自然界正在发生变化，而我们完全依赖于大自然生存。"

大卫·艾登堡

季节的不确定性

自然界的许多现象根据气候的季节性变化做出反应。对某些植物来说，开花是由温度升高超过一定阈值引发的。随着气温的升高和降雨模式的转变，北半球和南半球春天到来的时间都提前了。这影响到人类生存系统，特别是农业的发展和动物的生存。一个代表性的例子是亚洲季风，季节时间的变化影响了养活数十亿人口的农业系统。

来不及授粉

早春可能导致植物在蜜蜂等昆虫传粉之前开花。植物因此无法繁殖，而昆虫也没有了重要的食物供应。

春天

季节不同步

一些动物和植物的行为是由季节性变化引起的。如果气候变化改变了阶段性特点，整个生态系统可能不再同步。

更多的极端天气

大气中热量的增加改变了蒸发和大气环流的模式。这与异常天气和极端天气有关,例如强烈的、致命的热浪。

极端气候事件增加

随着温室效应（见第13页）的加剧,不仅平均气温会发生变化,极端气候事件的强度和频率也会提高。近年来,热浪持续时间更长,在世界大部分地区都创下了气温纪录。由于温暖的空气可以容纳更多的水分,降雨也变得更加极端。这既会导致出现更严重的干旱,也会出现更强的降雨,从而出现毁灭性的洪水。

极端风暴

自20世纪80年代以来，气旋、飓风或台风等大型热带风暴的强度在逐渐增大。这些风暴从温暖的海水中汲取能量，拥有超快的风速，在登陆时可能造成巨大的破坏。在温暖的海水（见第100页）助力下，形成了更强的气旋，而这些气旋有更大可能达到较高等级，风速超过每小时250千米。

酝酿中的风暴

最大的风暴系统在赤道海域上空形成。温暖潮湿的空气从海洋上上升，形成了强大的循环风暴。

厚厚的云层
一旦空气到达高海拔，它就会被冷却并凝结成厚厚的积雨云，从而产生强降雨。

上升气流
海洋上方的空气吸收了海水的热量后上升。这使得周边的空气大量涌入，并继续升温，这一过程加速了气旋的生成。

强风

雨

风暴的方向

风造成水的涌起，从而引起大浪并在陆地上引发洪水。

风暴潮

酸雨云

污染物
二氧化硫和氮氧化物通常是通过燃煤电厂和汽车尾气排放到大气中的，造成空气污染和酸雨。

酸雨的危害

　　酸雨是燃烧化石燃料的副作用。燃烧煤炭和化学工业产生的污染物与大气中的水混合，形成硫酸和硝酸，使雨水的酸度提高到有害的程度。酸雨落下的地方，树木受到伤害，淡水生态系统被污染，不仅影响许多物种的生存，而且破坏了食物链。虽然人们在减少污染物的排放、帮助生态系统恢复方面已经取得了进展，但酸雨仍然是世界上一些地区需要解决的严重问题。

过于明亮

自从19世纪末电灯被发明出来，其在世界上大部分地区被迅速普及应用。然而，电灯的大量使用（特别是在城市中）导致了光污染，引发了许多问题。电是一种二次能源，过度使用电来照明也会产生严重的环境问题。光污染会对人类的生活方式和生态系统产生影响，对人类和动物产生负面作用。

对人类的影响

众所周知，光污染会扰乱人体的自然规律，使人难以入睡，打乱人的睡眠模式。

全球约83%的人生活在
夜空有光污染的地区。

能源浪费

在家庭、企业和社区中，不关灯是浪费能源的一个巨大原因——在空荡荡的房间里、在关闭的商店里、在明亮的公共区域，很多时候大部分灯都开着。

受到干扰的野生动物

光污染会使动物感到困惑，扰乱它们的日常活动周期。例如，利用自然地平线寻找大海的海龟幼崽可能被灯光迷惑。

有毒的空气

　　除了排放温室气体，燃烧化石燃料还会产生物理污染物。燃煤发电厂和燃油汽车发动机是最大的污染来源。污染物是由直径小于10微米的物理颗粒组成的，这些颗粒小到足以被人类吸入肺部，导致呼吸系统疾病。据估计，全球每年有800多万人死于呼吸系统疾病。

危险区域

全球约91%的人生活在空气污染等级高于世界卫生组织指南里规定级别的地区。

可造成脑损伤

无形的杀手

污染会导致一系列健康问题，尤其是心脏病和肺病。消除化石燃料将对健康产生直接的好处。

心肺问题

汽车和燃煤发电站密度高的地区空气污染问题最严重。

主要原因

天空中的洞

1985年，人们在南极洲部分地区发现了一个平流层臭氧空洞（见第17页），证实平流层臭氧损耗正在世界各地出现。臭氧在为地球阻挡来自太阳的紫外线辐射方面起着重要作用。臭氧损耗是由人类排放的一种叫作氯氟烃的化学颗粒引起的，这种化学颗粒用于冰箱和气雾剂罐。

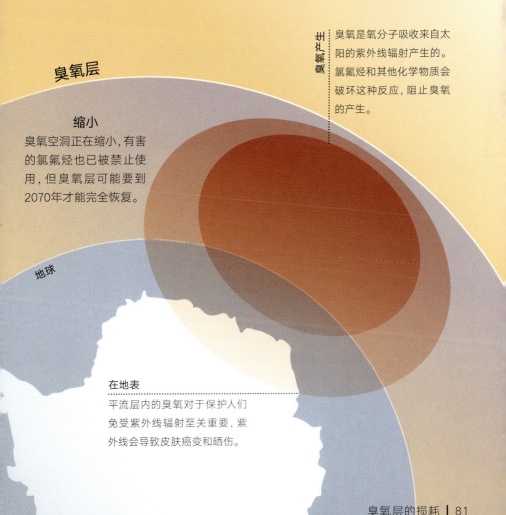

臭氧产生

臭氧是氧分子吸收来自太阳的紫外线辐射产生的。氯氟烃和其他化学物质会破坏这种反应，阻止臭氧的产生。

臭氧层

缩小

臭氧空洞正在缩小，有害的氯氟烃也已被禁止使用，但臭氧层可能要到2070年才能完全恢复。

地球

在地表

平流层内的臭氧对于保护人们免受紫外线辐射至关重要，紫外线会导致皮肤癌变和晒伤。

对陆地的影响

全球气温上升已在地球表面留下了肉眼可见的创伤。有利于野火发生的条件越来越普遍，降水的变化导致部分地区干旱和荒漠化。气候条件的快速变化给人类和动物的生存带来了困难，人类的不断扩张也剥夺了动物的栖息地。气候变暖导致格陵兰岛和南极洲的冰盖的质量减小，冰川坍塌进海洋，海平面上升。冰冻了数百年的北极土壤正在融化，可能释放出甲烷等温室气体，加剧气候变暖。

蓄势待烧

野火灾害是由气候条件驱动的,气候条件决定了易引发火灾的干燥植被体量。放眼全球,由于气候变化,野火灾害更容易发生了。

气候变化

地表温度上升

土壤干燥度增强

蒸发量改变

地表水、冰和雪减少

干旱风险增加

高温和热浪增加

野火风险增加

火灾风险

野火是气候系统内自然发生的,而全球变暖增加了这个风险。温度越高,土壤和植被干燥的速度越快,为火灾创造了理想的条件。干旱地区的降水量减少进一步加剧了火灾风险。随着全球各地易发火灾季节的时间延长,火灾强度提升,大量二氧化碳被释放出来,形成了"正向反馈"(见第21页),加剧了气候变暖的趋势。

化作尘土

　　气候变暖地区的一个主要问题是荒漠化的蔓延，即旱地退化。干旱地区的土壤对水分变化极为敏感。气候变化扰乱了降水模式，通常会使干旱的地区更干旱，增加旱灾发生的频次，从而导致大面积土壤无法维系植被的生长，影响人类的生存和粮食供应。

全球有30亿人生活在干旱地区。

旱地

干旱地区已经面临缺水问题，而荒漠化又使农业减产，这一切会给全球最贫困区域带来一系列经济上的连锁效应。

濒临灭绝

鱼类 19%

两栖动物 37%

爬行动物 27%

生物多样性是指各类形态生物体的丰富程度。人类活动（如土地用途变化和污染）正导致生态系统退化和萎缩，减少了物种的数量和种类。气候变化的影响正加剧这场危机，许多动植物已经灭绝，另有物种迁移离开了原本的栖息地，在新的栖息地与既有物种竞争。

鸟类 23%

哺乳动物 28%

植物 39%

受威胁的物种
本页展示了世界自然保护联盟（IUCN）对每一类物种"受威胁"状态的评估百分比。

昆虫 30%

逃离毁灭
全球各地都有物种被迫迁移至
更小的栖息地生存。

土地开垦
人类活动，特别是对森林
的砍伐，是物种栖息地遭
到破坏的罪魁祸首。

何以为家

全球各地动植物灭绝的主要原因是栖
息地被破坏。因为开拓者砍伐自然森林栖
息地，改造成农村和城市用地，使得多样化
生态系统的空间缩小了。许多物种生活在特定的
环境中，这一点在很大程度是由气温和降水等气候
因素决定的。因为气候变化，生态位在全球的分布迅
速发生变化，迫使世界各地的物种迁移、适应或灭绝。

融化的冰

在极地地区，格陵兰岛和南极洲巨大的冰盖正受到全球变暖这一趋势的影响。冰川从内陆流向海岸边缘，在海面上形成冰架，正以创纪录的速度消退。在整个过程中，大量冰川流入海洋，导致海平面上升（见第96页）。南极洲（见第89页）海洋终端的冰川受到变暖洋流的影响大量融化，这可能成为未来海平面上升的主要原因。

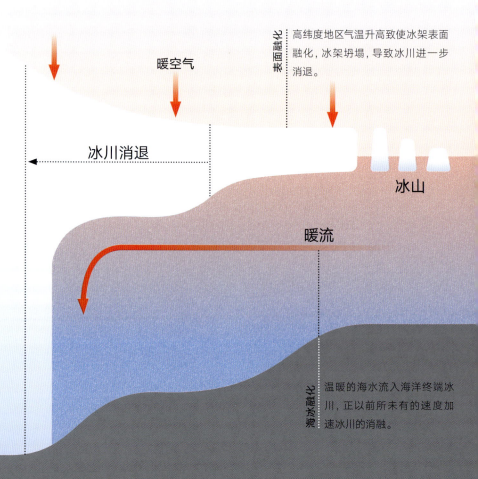

暖空气

表面融化 高纬度地区气温升高致使冰架表面融化，冰架坍塌，导致冰川进一步消退。

冰川消退

冰山

暖流

海冰融化 温暖的海水流入海洋终端冰川，正以前所未有的速度加速冰川的消融。

南极洲西部
南极洲西部的冰盖在海平面以下，全球变暖容易加速其坍塌（见第88页）。

南极洲
思韦茨冰川

南极洲东部
大部分冰储存在南极洲东部的冰盖上，这些冰大部分位于海平面以上，因此融化速度较慢。

双重麻烦
思韦茨冰川，又称"末日冰川"，由于受温暖空气和海水的双重影响，正在加速融化。

海拔高度（单位：米）

2 000

1 000

0
（海平面）

思韦茨冰川

−1 000

基岩

−2 000

470千米

"末日冰川"

如果南极洲的冰盖全部融化，其融化后的水量足以使全球海平面上升58米。虽然这不大可能，但南极洲的许多冰川正在加速融化。特别令人担忧的是南极洲西部巨大的思韦茨冰川，每年全球海平面上升的4%以上是由它的融化造成的，如果它全部融化，全球海平面将上升0.65米。

达到融点

　　每年夏季，格陵兰岛的冰盖都会融化，而每年冬季，落下的雪又会结成新的冰。这种季节性融化循环是正常的。但卫星监测显示，冰盖在夏季融化的冰比冬季新结的冰还多。格陵兰岛的冰盖富含充足的冷冻淡水，如果冰盖的冰融化，全球海平面将上升7米以上。

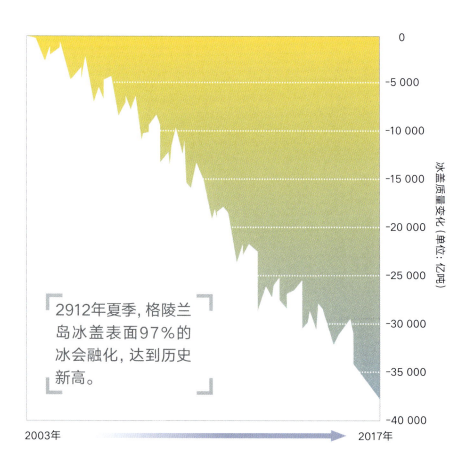

2912年夏季，格陵兰岛冰盖表面97％的冰会融化，达到历史新高。

0

-5 000

-10 000

-15 000

-20 000

-25 000

-30 000

-35 000

-40 000

冰盖质量变化（单位：亿吨）

2003年　　　　　　　　　　　　　　2017年

海冰急剧融化会改变本地的气候模式,海冰也是北极熊和海豹等动物重要的栖息地。

重要的冰盖

几十年的融化

随着北冰洋海冰覆盖面积的(每十年)减少,科学家越来越担心在未来的夏季里出现无冰的北冰洋。

海冰融化

1970年

1980年

1990年

2000年

2012年

2007年

2030年

北极之夏

北极海冰是因开阔的海域结冰而形成的。自有卫星记录以来,冰层的范围和厚度一直在减少(每十年)。海冰可以反射阳光,但随着海冰的减少,深色的海洋表面会吸收更多的能量,形成变暖效应,反馈循环关闭,温度上升加快,导致更多的冰融化。结果,北极地区的变暖程度超过地球上任何其他区域。

困住的热量

太阳辐射被困在大气中，导致地表温度上升，永久冻土融化。

太阳

冻土｜北极地区气温升高已造成一些区域的永久冻土开始融化，导致山体滑坡和生态系统的改变。

永久冻土升温

大解冻

　　永久冻土是指连续两年或两年以上保持冻结状态的土壤。全球大部分永久冻土位于斯堪的纳维亚半岛、西伯利亚、阿拉斯加和加拿大北部，而这些地区的升温速度是全球平均水平的两倍。随着永久冻土的融化，冻土内大量的有机物被微生物分解，向大气中释放温室气体。据科学家预估，永久冻土中含有1400亿吨碳，几乎是目前大气中碳含量的两倍。

反馈循环
碳和甲烷的释放加剧了温室效应，造成气候变暖，进一步导致永久冻土融化。

二氧化碳和甲烷
二氧化碳和甲烷渗透到土壤中，渗入水中，释放到大气中。

甲烷

二氧化碳

水

释放

温室气体释放
微生物消化分解有机物，产生甲烷和二氧化碳。

分解
在地表下，有机物和早前被冰冻的微生物开始融化。

对海洋的影响

全球海洋正受到物理变化和化学变化的**冲击**。虽然海洋温度升高的主要原因是阳光照射，但大气中的云、水蒸气和温室气体也会释放热量，其中一些热量被海水吸收。海水温度升高导致海洋热浪和海水热膨胀，进而造成海平面上升。海洋生态系统，如珊瑚礁，面临海洋高温的威胁，一些鱼类种群也已经向两极地区迁徙。二氧化碳溶解在水中会造成海洋酸化，对海洋生物造成危害。

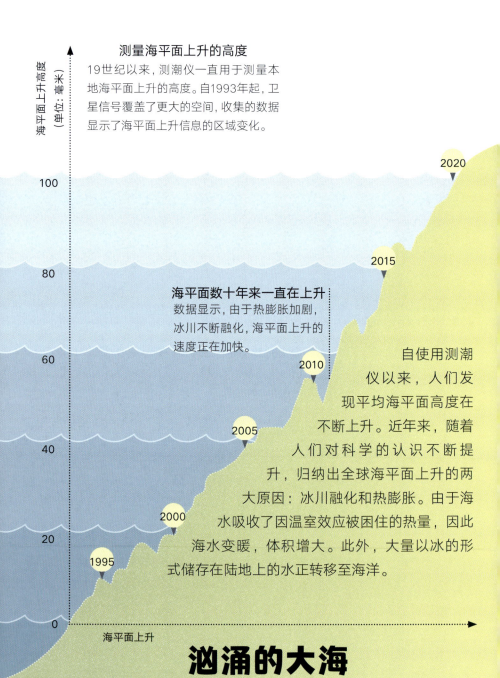

海平面上升高度（单位：毫米）

测量海平面上升的高度
19世纪以来，测潮仪一直用于测量本地海平面上升的高度。自1993年起，卫星信号覆盖了更大的空间，收集的数据显示了海平面上升信息的区域变化。

100

80

海平面数十年来一直在上升
数据显示，由于热膨胀加剧，冰川不断融化，海平面上升的速度正在加快。

60

2010

2015

2020

2005

40

2000

20

1995

0

海平面上升

自使用测潮仪以来，人们发现平均海平面高度在不断上升。近年来，随着人们对科学的认识不断提升，归纳出全球海平面上升的两大原因：冰川融化和热膨胀。由于海水吸收了因温室效应被困住的热量，因此海水变暖，体积增大。此外，大量以冰的形式储存在陆地上的水正转移至海洋。

汹涌的大海

淹没的岛屿

若说目前海平面加速上升带来的灾难性影响，没有哪里比低地岛国更首当其冲。这些国家碳排放量很小，却面临最严重的后果，因为他们赖以生存的土地随时可能消失。例如，印度洋上的马尔代夫和太平洋上的基里巴斯，这些国家中的许多岛屿海拔不超过1米。

5米

1.5661亿人失去家园

珊瑚岛礁

地势低的岛屿通常形成于珊瑚礁上。在洋流的作用下，沉积物不断移动，每个岛屿的精确形状也在不断变化。科学家们希望随着海平面的上升，这些岛屿也在自然的作用下不断上升。

1米

1 500万人流离失所

危险近在眼前

随着海平面上升速度不断加快，随时可能被淹没的岛屿国家的政府正在制订计划，将本国人口迁移至附近更大的岛屿。

海平面

若所有冰融化

虽然预测的海平面上升（见第96~97页）的高度看起来微不足道，但这将影响沿海地区数量庞大的人口。尽管预测显示到2100年，海平面上升不会超过1米，但科学家认为，上一次二氧化碳浓度达到2020年的水平时，海平面已经比现在高出20米了。海平面上升导致主要城市遭遇洪水的可能性加大。风暴潮已经带来了致命的洪水事件，随着海平面的上升，这些灾害会更严重，也更常见。

当前有两亿人居住在2100年可能低于高潮线的地方。

处境危险的城市

世界上许多大城市都位于沿海地区，海平面的大幅上升会给人口稠密的城市带来破坏性的影响。

70米

消失的陆地 沿海的大部分陆地会被永久淹没,或者遭受海水向岸边推进的恶劣影响。

亚马孙盆地 若海平面上升70米,亚马孙盆地会成为大西洋的一个入海口,毁掉大片热带雨林。

● 利马

南美洲

● 里约热内卢

被淹没的城市

若海平面上升66米,普拉特河河口附近的城市会被淹没在水下。

布宜诺斯艾利斯 ● ● 蒙特维多

移位的海岸

如果全球所有冰川融化,海平面会上升70米,极大地改变许多国家的海岸线。然而,海平面上升会历经一个很长的阶段,为面临被淹没风险的国家预留时间去应对。

温室气体"捕获"热
量，被海洋（蓝色）和
大气（绿色）吸收。

被"捕获"的气体

海洋变化

海洋在由人类引起的气候变化中
受到的影响是首当其冲的。通过温室效应
（见第12页）"捕获"的绝大部分多余热量
被海洋吸收为能量。这种能量在海洋表面被吸
收，然后循环至全球各地的深海洋流重新分
配。这表明被温室气体"捕获"的热量已
经到达最深的海域和最冷的南极寒流。

海洋吸收了90%由温室气体产生的多余热量

测量温度

测量海水中储存的热量是一项技术性的挑
战，主要的测量仪器是人们专门设计的漂
流浮标。这些浮标通过在海水中下沉和上
升来测量不同深度的温度。

大气吸收热量

大气仅吸收10%因温
室效应产生的多余热
量，这会引起空气温度
的变化。

危害巨大的原油泄漏

发生在阿拉斯加湾的原油泄漏事件是历史上最大的原油泄漏事件之一。原油泄漏摧毁了当地的野生动植物，1.1万名本地居民不得不协助开展清理工作。

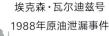

预计60万只海鸟死亡

危险的热量

　　海洋温度上升最极端的影响之一是海洋热浪。当海洋温度长期高于典型的季节性范围时（一般是连续5天），就会出现海洋热浪。海洋热浪这类极端事件不仅会给海洋生态系统造成压力，也会给依赖该系统生存的动物和人类社区带来压力。自人类引发全球变暖以来，易受海洋热浪影响的地区出现大型海洋热浪的可能性增加了20倍。

预计100万只海鸟死亡

致命热浪

在阿拉斯加湾，一场史无前例的热浪迫使浮游植物的数量减少，质量下降。这场热浪破坏了食物网，造成海洋生物（如海鸟）大量死亡，对生态系统的破坏也超过了多年前破坏力巨大的原油泄漏事件。

阿拉斯加湾
海洋热浪
（2016—2019年）

二氧化碳浓度升高

海平面每年上升3毫米

到2100年，氧气含量下降1%～7%

海洋物种的减少给海洋生物带来了适应性挑战

年渔获量预计下降50%

海洋生态失调
气候变化带来的影响正急剧改变海洋的状况，不仅使许多物种难以生存，以海洋为生的人们也生活得更加艰难。

濒危生态系统

受气候变化影响的海洋物种包括浮游生物（海洋食物链的基础）、珊瑚、鱼类、北极熊、海象、海豹、海狮、企鹅和其他海鸟。一个物种的减少会对生态系统的其他部分产生影响，气候变化的一系列影响给物种带来的压力预计会增加。因此，气候变化可能导致原本已面临过度捕捞和栖息地丧失压力的物种灭绝。

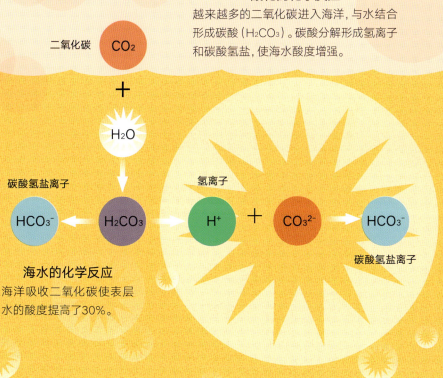

酸化的化学反应
越来越多的二氧化碳进入海洋,与水结合形成碳酸(H_2CO_3)。碳酸分解形成氢离子和碳酸氢盐,使海水酸度增强。

二氧化碳 CO_2

H_2O

碳酸氢盐离子 HCO_3^- ← H_2CO_3

氢离子 H^+ + CO_3^{2-} → HCO_3^- 碳酸氢盐离子

海水的化学反应
海洋吸收二氧化碳使表层水的酸度提高了30%。

受干扰的化学反应

　　除了吸收热量,海洋还从大气中直接吸收二氧化碳。二氧化碳被排放至大气中以后,海洋吸收30%。海洋中二氧化碳含量的增加降低了海水的pH值,造成海洋酸化。珊瑚和软体动物等海洋生物利用碳酸盐离子构建自己的外壳,但是碳酸盐离子的浓度会因海洋的酸化而降低。仅有一少部分海洋生物(如海草)是海洋酸度增强的受益者。

受威胁的珊瑚礁

　　珊瑚白化是由海洋温度过高（见第100页）引起的，受热应力影响的珊瑚将其内部的彩色藻类排出身体，就会发生珊瑚白化的现象。虽然珊瑚可以在白化事件中存活下来，但若热应力持续时间过长，珊瑚便会死亡，依存于珊瑚的生态系统通常也会崩溃。灾难性的珊瑚白化事件是气候变化最直接的危害之一。自2016年以来，大堡礁已有50%的珊瑚死亡。

褪成白色
受热应力影响，珊瑚排出体内的藻类（虫黄藻），变为纯白色。在这个阶段，珊瑚仍可以恢复。

死亡腐烂
没有藻类，珊瑚就会失去食物来源。若这种情况持续下去，珊瑚便会被饿死，最终腐烂。最终，礁栖生物永久失去它们的栖息地。

"逃逸"的藻类

塑料入海

全球人类每年生产的塑料超过3.8亿吨。其中，每年有多达1 300万吨塑料被人类倒入海洋。

废弃的塑料

塑料垃圾

据估计，海洋中80%的塑料来自陆地，其余则被认为来自海上的船只。

危及动物

海洋中的塑料对海洋生态系统造成了巨大的破坏，海洋生物可能吞食塑料或被塑料缠住而窒息。

自20世纪50年代以来，海洋塑料污染问题愈发严重，大量塑料进入海洋。而作为一种不可降解的物质，塑料在无限期内循环。大多数塑料流入海洋是因为塑料处置方法低效——导致各种大小塑料制品最终进入海洋，危及海洋生物。

食物链

塑料"汤"

人类付出的代价

气候变化的影响并不是平均分布的。在世界各地，人类与其赖以生存的居住地和耕地之间的脆弱关系面临着气候变化带来的严峻挑战。然而，受威胁最大的往往是一些不太富裕的国家，但他们排放的温室气体反而是最少的。随着气候变化加剧导致自然灾害的发生，人类会迁出热点地区，带来政治挑战。粮食安全和淡水安全是最直接的威胁，因为旱灾和其他极端天气会使农业系统瘫痪、海洋生态系统崩溃。

最严重的冲击

气候变化对各地的影响并不是平均分布的。在许多情况下，长久以来生活在碳排放量最少国家的人们，却要面临气候变化带来的最严重的冲击。比如，最易受海平面上升、超强风暴、极度热浪侵扰的多数是热带地区的小国或岛国。相比之下，生活在富裕的、高排放国家的人往往不太会受到气候变化的直接影响。

波多黎各

泰国

菲律宾

莫桑比克

巴哈马群岛

最薄弱的防护

这10个低收入地区被认为是2000年至2019年受极端天气影响最严重的地区。基于成本原因，这些地区往往不能同高收入国家一样制定大规模的防护措施。

巴基斯坦

缅甸

尼泊尔

海地

孟加拉国

撒哈拉以南的非洲地区

8 600万

中美洲和南美洲

1 700万

南亚

4 000万

被迫离开家园
如果气候变化持续加剧，到
2050年，这三个地区总共会有
超过1.43亿的气候移民。

因灾害流离失所

由于气候压力使人类生存更加艰难，人们从受灾严重、往往以农
业为主的地区迁移出去是气候变化一个可能的后果。尽管很难将人
口在一个区域内的重新分布归结于某一定因，但在热浪侵扰的区域
和受海平面上升影响的沿海地区，生存条件可能每况愈下。气候变
化，再加上破坏性自然灾害的增加（见第75页），会导致越来越多
因气候变化引发的迁移。

水量变化

温度升高

湿度升高

极端天气

迁徙的蚊子

在撒哈拉以南的非洲，蚊子是携带疾病的主要生物体。气候变化改变了蚊子的栖息地，导致蚊子在新栖息地扩散繁殖，传播疟疾。

疾病的传播

　　气候变化导致疾病激增是令人担忧的重大问题。以前，不明病原体传给人类的主要方式是近距离接触野生动物。由于气候变化改变了许多物种的栖息地（见第87页），携带蜱虫或叮咬类昆虫的物种向人类传播疾病的风险可能加大。气候变化迫使这些物种迁移，其携带的疾病也随之得到传播。

未来食物会更少

减少红肉的摄入
一些饮食上的改变，如减少肉类的消费，可能减少死亡人数。

评估气候变化对世界各地饮食的影响很重要，对收入最低地区的儿童而言更为重要。膳食营养均衡是保持儿童身体健康的关键，尤其是其成长的前3年。作物供应已经很容易受到极端天气的影响，而随着气候变暖，这种影响预计还会加大。降水量和温度的长期变化势必会降低作物的产量，导致价格提升，威胁粮食安全（见第112页）。

果蔬摄入减少

在未来的几十年里，营养丰富的果蔬摄入不足将成为致人类死亡的一个重要原因。

到2050年，气候变化引发的饥饿和营养匮乏风险提高，高达20%。

人人有饭吃

粮食系统维持着超10亿人的生计，其中许多人面临粮食供应和经济支撑同时崩溃的风险。

粮食可获性

一个地区的气候变化，如立春时间的改变或降水模式的变化，可能影响其继续种植粮食实现自给，从而依赖于从他国购买粮食。

保卫粮食

粮食安全是衡量一个国家或地区是否可获得充足且营养丰富的粮食的标准。粮食危机是气候变化最直接的后果之一。联合国下属的政府间气候变化专门委员会（IPCC）认为，气候变化正在危及全球几个地区的粮食安全。赤道附近的作物特别容易受到温度和降水的影响，导致作物产量下降，价格上涨。

干涸的世界

用水不足

河流可以为数十亿人提供淡水。如果降水模式改变，河流流量减少，这些人口将面临淡水资源短缺。

淡水资源

地球上的大部分淡水被封存在偏远的冰川内，无法供人们饮用。

地下水为人类供应了50%的生活用水，但由于监测地下水很难，想要利用它也具有挑战性。

地下水

地球上仅有2.5%的水是淡水

气候变化加剧了水循环，洪水与干旱将越来越频繁，人类也会面临水资源安全系数降低的压力。旱地的干旱和荒漠化现象会持续增多，从而切断地下水供应。预计到2050年，全球约有30亿人生活在缺水地区。在沿海地区，洪水的增加有可能加剧污染生命不可或缺的淡水资源。

大范围的
解决方案

应对气候变化意味着要找到新能源，减少二氧化碳的排放至净零碳排放（见第36~37页）。这需要从交通运输业到农业所有领域开展大规模的变革。技术和设计方面的创新、公共政策的转变、可再生电能使用的增加仅仅是开始。要实现这一目标，需要全球化的解决方案和国际合作。国际上可以提供气候融资，帮助最贫困的国家（往往也是受气候变化影响最严重的国家）适应今天已经发生的变化。

加强保护气候的行动·为适应气候变化做出努力·提高透明度·净零碳排放·气候融资

"我们呼吁树立雄心壮志……巴黎实现了诺言，现在这一重任成为我们共同的责任。"

金墉

立场统一

　　避免全球气候灾难的发生需要所有国家致力于全球目标和行动，如2016年开始实施的《巴黎气候协定》。该协定旨在将全球升温控制在远低于2℃。该协定还强调了适应气候变化的必要性（如减缓气候变化对当前和未来的影响，尤其是最易受影响的国家），以及气候融资的必要性，包括较富裕的国家在财政上支持应对气候变化手段较少的国家。

平衡天平

气候变化影响着每个人，但对每个人的影响是不均等的。相对贫困的国家，碳排放量最小，遭受气候变化的冲击却最大，被边缘化群体往往处在环境破坏的"前线"。气候正义旨在通过各种措施解决这些不均等问题，措施包括将破坏气候的国家起诉至法庭，以及从富裕国家转移资金支持贫困国家的气候融资等。

较贫困
的国家

较富裕
的国家

首当其冲

较贫困的国家可能受到更大的影响，但不能平等地享有污染行业带来的收入。

趋利避害

较富裕的国家在导致气候变化方面"功不可没"，但尚未受到与较贫困国家相同的影响。

低碳增长

一直以来，经济增长与二氧化碳排放量的增长有着密不可分的联系。最近的一项全球碳排放强度测量显示，每产生1美元的国内生产总值，就会排放768克二氧化碳。有些国家的碳排放强度要低得多，例如，日本的碳排放强度为244克/1美元。但要实现未来的目标，保持人口增长，全球需要更大限度地将碳排放与经济增长脱钩。

全球经济增长

碳排放量下降

不同的路

绝对脱钩的目标是：温室气体排放量绝对值下降，同时经济持续增长。

"可持续发展和经济增长之间并不矛盾。"

瓦尔迪斯·东布罗夫斯基

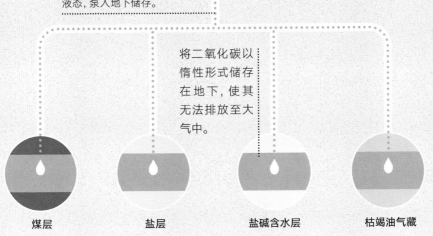

"捕获"的碳

为了降低电力和工业生产的碳强度，需要"捕获"二氧化碳或将其从大气中去除。

与其将工业生产导致的二氧化碳排放出去，不如从源头"捕获"。

将"捕获"的二氧化碳转化成液态，泵入地下储存。

将二氧化碳以惰性形式储存在地下，使其无法排放至大气中。

煤层

盐层

盐碱含水层

枯竭油气藏

深层储存

碳捕获技术有望通过"捕获"燃烧后产生的二氧化碳来大幅减少排放至大气中的二氧化碳。随后，经过液化、运输，将二氧化碳注入至地下适当的位置（如盐碱含水层或枯竭油气藏）。目前，只有少数几个碳捕获与封存（CCS）系统投入使用。考虑到目前电力和工业生产体系的规模，即便快速脱碳，也需要碳捕获与封存技术实现净零碳排放（见第36~37页）。

巨大的担忧
生态系统功能的破坏和物种多样性的丧失是全球性问题,已经面临不可逆的风险。

气候变化

生物圈完整性

遗传多样性

功能多样性

土地系统变化

高风险

暂无风险

淡水利用

磷

氮

生物地球化学流

氮循环的改变和磷的排放已被列入表中的高风险区域。

海洋酸化

划定安全边界

"行星边界框架"是一个新观点，用来评估人类和地球面临的挑战，该观点于2009年由28名科学家组成的团队提出。每个边界都有清晰的划定，例如维持90%的生物多样性；将大气中二氧化碳的浓度维持在350ppm。每个边界内都有安全空间，人类可以在此空间内活动，同时又不会破坏地球系统的完整性。跨越任何一个边界都会增加大规模环境变化的风险，许多变化可能是不可逆的。比如，我们已经触发二氧化碳的安全边界，当前浓度为410ppm。

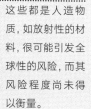

新型风险

这些都是人造物质，如放射性的材料，很可能引发全球性的风险，而其风险程度尚未得以衡量。

新物质

平流层臭氧消耗

大气气溶胶负荷

"我们现在需要把整个世界与地球重新相连。"

约翰·罗克斯特伦

九大边界

"行星边界框架"确定了9个"边界"及跨越任何一个"边界"的潜在风险。

形成闭环

　　传统的"生产—使用—处置"（即"取—制—废"）线性经济模型正日益受到循环经济理念的挑战。在循环经济模式中，经济增长不依赖资源的消耗，这些资源终将被耗尽。循环经济模式包含3个核心理念：运用生态设计处理废弃物、温室气体的排放和其他污染；通过维修、再利用、循环、再分配等方式保持产品、材料及组成部件的持续利用，以及在经济发展中的循环；对保护、修整和重建自然系统的坚定承诺。

线性经济模式

原材料

生产

使用

不可回收废弃物

废弃物问题
几个世纪的经济发展所产生的废弃物引发了气候变化、污染和大规模的生态系统破坏。

单向系统
线性经济模式在获取资源和使用资源时，通常会在产品生命周期的每个阶段产生大量污染和废弃物。

原材料

循环

生产

"循环经济发挥作用的唯一途径是：可持续性、循环思维、闭环理念适用于每一个人，而非权贵富人的独享品。"

韦恩·维瑟

使用

循环经济

有限的废弃物

在循环经济中，对原材料的需求大大减少，任何废弃物都会被当作一种新资源，重新回到经济循环中。

宝贵的资源 淡水资源的稀缺促使人们开发更好的水资源管理技术，例如小规模海水淡化、节能无污染的废水处理和净化等。

削减碳排放 对人员和货物的运输极大地增加了碳排放，但增加电动车和生物燃料的应用有利于减少人们对化石燃料的依赖。

绿色产品 材料科学研究人员正大力研发新产品，希望新产品更耐用，生产过程造成的污染更少，处置后可以完全回收，在更长的时间内不进入废物流。

清洁交通

清洁的水

清洁材料

清洁我们的技术

清洁技术行业是一个定义较为宽泛的领域，涉及降低负面环境影响的产品、生产过程和服务，如更高效的废水处理、新型生物燃料或回收技术。太阳能、风能、能源效率和绿色交通等领域的发展，见证了清洁技术行业的大规模发展。此外，清洁技术在许多方面都是减少消费对环境危害的中间环节。例如，饮料罐生产的"去物质化"促使铝的使用减少；数字产品取代实物产品等。

清洁能源

清洁又高效
在开发可再生能源、提高现有技术的能效和减少污染方面取得了重大进展。

生存的工具
清洁技术可以在应对气候变化方面发挥重大作用，如善用资源、减少甚至消除废弃物和温室气体的排放。

绿色设计

可以通过提高材料生产效率和能源利用效率降低能源消耗，减少温室气体的排放。提高材料生产效率的方法有：减少废弃物、设计智能产品和使用可回收金属（可回收金属的能源强度比从金属矿中生产的原生金属低60%~90%）。提高能源利用效率的方法有：优化隔热和通风系统以降低空气调节系统的能源损耗；智能照明；通过改进空气动力、发动机设计和减轻重量，设计出更节能的汽车。

"从资源生产到最终消费，提高能源效率是减少能源链各个环节二氧化碳排放的主要手段。"

乔·凯瑟

住宅中联网设备的数字化管理有助于最大限度地减少不必要的能源消耗。

改善家居环境

提高住宅内能源使用效率的方式包括智能设计、使用自然照明及选用低能耗技术（如LED照明）。

雨水利用

用雨水冲马桶可以减少抽水至马桶所消耗的能量。

水

被动式设计

开关窗户降低或提升室内温度，可以减少对空气调节系统的依赖。

窗

能源效率

照明

"如何在我们的星球上可持续地生活？答案就在我们身边。"

珍妮·班娜斯

催生改变

全球能源消耗并没有减少，但采用更清洁、更高效的技术可以帮助减缓气候的变化。

新一轮创新浪潮

随着技术的进步，人们渐渐摒弃化石燃料，对可再生能源的利用正在攀升。实际上，太阳能（见下页）和风能（见第132页）的发电总和预计在2024年超过煤炭和天然气。可再生能源供应的非连续性会给我们的电网带来挑战，但是我们也可以广泛生产可再生能源，给原先无法用电的人带来电力，这一点实际上是超越了化石燃料的。

来自太阳的
绿色能源

光伏系统依靠太阳发电，太阳几乎是所有生命能量的来源。在地球上的某些地方，目前太阳能供应的电力是历史上最便宜的。人们可以随处安装太阳能面板，从窗户到路面，也可以在任何地方集成，无须占用大量的土地。还有一些技术可以聚焦太阳光从而产生热量，从小的方面来看，可以用它来烹煮食物，从大的方面来看，利用它可以产生超1 000℃的热量。

光子的能量

当光粒子（光子）撞击光伏电池板时，光子内的能量会将电池板中的电子释放，电子流动即联通电路。

N型硅
T型硅

负电荷

电场

PN结

正电荷

电子

电子带负电荷

空穴

失去电子（即空穴）带正电荷，吸引自由电子。

电场

当阳光照射在电池板上以后，会在各层产生电场，通过分离正负电荷即可产生电流。

裂变换能源

　　30个国家约450座核反应堆的发电量占全球发电量的十分之一，这其中涉及少量浓缩铀燃料的原子裂变（即原子核分裂释放能量）。这一过程会提供可靠的、低碳的电力保障，污染排放主要来自铀的开采、加工和运输。然而核辐射灾难、旧反应堆退役的成本、放射性核废料的储存等挑战加剧了公众对这一能源的不信任，也阻碍或叫停了许多国家核能的发展。

没有碳中和
核电站发电本身对气候的影响很小，但由于对铀的开采和加工，人们认为并不能够达到碳中和。

核废料
核废料的放射性可持续上千年，很难对其进行安全处置。

核电站难题
建一座核电站需要14~15年的时间，核电站的建造和退役成本也非常高。

电网

蒸汽　汽轮机　发电机　冷却塔　泵

将热水抽上来

走进地下

将冷水抽下去

蒸汽供热

冷水被抽至地下深处，地下的热岩石将水加热，产生蒸汽。水和蒸汽通过管道被输送回地表，驱动发电站的汽轮机做功。

　　地热能是可再生能源且十分稳定，利用地下的热能发电，产生的碳排放量只有化石燃料发电站的二十分之一。冰岛27%的电力来自地热能，是少数几个大量使用地热能的国家之一（还包括新西兰、肯尼亚和菲律宾）。广泛应用地热能面临一些阻碍，如启动成本高、场地适用性有限，而且开采地热时会增加地震频率，引发人们担忧。

高温花岗岩

空气中的能源

人类使用风车已有一千多年的历史，借风之力实现井中抽水、磨面粉等工作。如今，人们正在应用这项技术发电。风力涡轮机可以建在陆地上，也可以建在风速更快、更恒定的海上。现在的一些涡轮机十分高大，接近埃菲尔铁塔的高度，可以为成千上万户家庭供电。

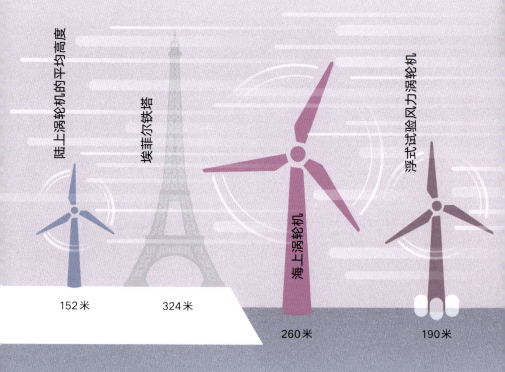

陆上涡轮机的平均高度

埃菲尔铁塔

海上涡轮机

浮式试验风力涡轮机

152米　　　　324米　　　　260米　　　　190米

持续增长的产能

技术的进步意味着可以建造体形更大、效率更高的风力涡轮机。目前，海上风力发电站的数量持续增加，而在陆地上，由于越来越难找到新址建站，因此风力发电站数量的增长速度放缓。

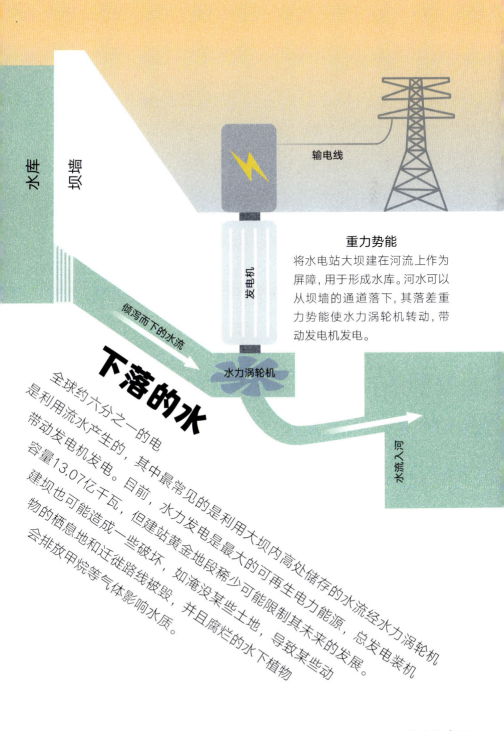

水库

坝墙

输电线

发电机

重力势能

将水电站大坝建在河流上作为屏障,用于形成水库。河水可以从坝墙的通道落下,其落差重力势能使水力涡轮机转动,带动发电机发电。

倾泻而下的水流

水力涡轮机

水流入河

下落的水

全球约六分之一的电是利用流水产生的,其中最常见的是利用大坝内高处储存的水流经水力涡轮机带动发电机发电。目前,水力发电是最大的可再生电力能源,总发电装机容量13.07亿千瓦。但建站黄金地段稀少可能限制其未来的发展。建坝也可能造成一些破坏,如淹没某些土地,导致某些动物的栖息地和迁徙路线被毁,并且腐烂的水下植物会排放甲烷等气体影响水质。

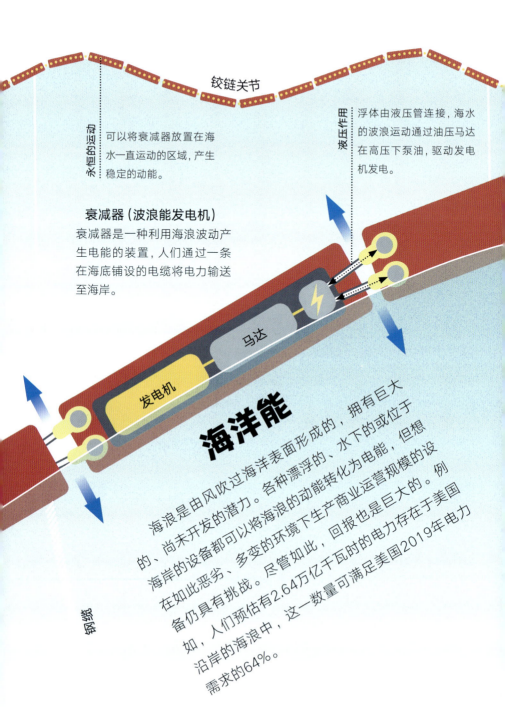

铰链关节

永恒的运动

可以将衰减器放置在海水一直运动的区域，产生稳定的动能。

液压作用

浮体由液压管连接，海水的波浪运动通过油压马达在高压下泵油，驱动发电机发电。

衰减器 (波浪能发电机)

衰减器是一种利用海浪波动产生电能的装置，人们通过一条在海底铺设的电缆将电力输送至海岸。

马达

发电机

钢缆

海洋能

海浪是由风吹过海洋表面形成的，拥有巨大的、尚未开发的潜力。各种漂浮的、水下的或位于海岸的设备都可以将海浪的动能转化为电能，但想在如此恶劣、多变的环境下生产商业运营规模的设备仍具有挑战。尽管如此，回报也是巨大的。例如，人们预估有2.64万亿千瓦时的电力存在于美国沿岸的海浪中，这一数量可满足美国2019年电力需求的64%。

涨潮与落潮

横跨海湾盆地和潟湖的潮汐坝能够充分利用可预测的涨落潮资源，这是一种无碳的可再生资源，但对河口处的生态系统会有潜在威胁。水流经水闸使发电涡轮机转动。由于高昂的建造成本、潮汐的间歇性、对环境的影响（水域盐度降低、建造的物理屏障阻碍海洋物种的自由移动）等，因此人们对潮汐能技术的使用仍然很少。在快速流动的水流中单独放置涡轮机是一种替代建造潮汐坝的方法。

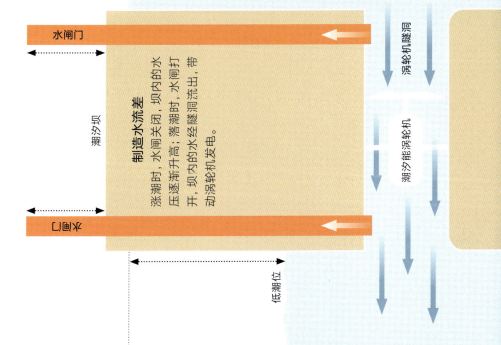

水闸闸门将水储存在高水位处，当另一侧水随潮汐退去时，拦河坝处便产生了落差压。

高潮位

闸门

水闸门

潮汐坝

制造水流差

涨潮时，水闸关闭，坝内的水压逐渐升高；落潮时，水闸打开，坝内的水经隧洞流出，带动涡轮机发电。

涡轮机隧洞

潮汐能涡轮机

水面高

低潮位

植树造林

目前，森林净砍伐率有所下降（见第52页），其中一部分原因是各方协同的植树运动：重新种植已毁森林植被（再造林）或新增植被覆盖（新造林）。无论是抵御水土流失，还是提供就业机会，这样做都会扩大森林作为碳汇发挥的重要作用。树木通过"捕获"空气中的二氧化碳，将其转化为生物量，以此"锁住"碳。然而，要对空气中的二氧化碳产生重大影响，需要上百万公顷的树苗长成才能实现。

"碳海绵"

一棵树20%~30%的生物量存在于地下，即存在于保持树体稳定、提供营养和水分的根系内。树林的根系储存了树木从大气中吸收的大部分碳。

氧气

释放氧气 在光合作用下，植物利用光能使二氧化碳和水合成有机物，并且在这个过程中还产生了氧气。

碳循环的一部分 植物的根向土壤中释放含碳化合物，死掉的根系被分解后也会产生碳，之后一部分碳会被释放到大气中。

滋养大自然

许多生态系统在遭到自然力（如洪水）破坏或人类行为（如伐木、过度放牧、污染）的干扰后是可以恢复的。重启或加快恢复自然生态系统的方法包括：消除破坏生态的根源、清除污染源、恢复植被、重新引入消失的物种等。在某些情况下，由于发生过大的改变，无法恢复原有生态系统，因此需要创建和治理一个不同的生态系统。

向大自然伸出援手
消除污染源、改良贫瘠的土壤、重新种植重要的原生树木和植物等，这些都有助于恢复曾经退化的生态系统。

经过一段时间后，人们精心修复的自然景观可能吸引一系列物种回归，这些物种对于形成生机盎然的生态系统是十分必要的。

全新开始

恢复的栖息地

植物

昆虫类

鸟类

树木

兽类

应对海平面上升

全球大部分地区的海平面都在上升，这会将上千万的社区群落置于危险之中。为了应对这一危机，可行的方法包括：调节管理措施，如改变土地用途；改善建筑结构，如建造混凝土海墙、堤坝等硬结构建筑或防洪堤、沙丘等软结构建筑。若海平面大幅上升，可能需要在高风险区域设立禁建区，甚至放弃沿海地区，转移至更高的地方。

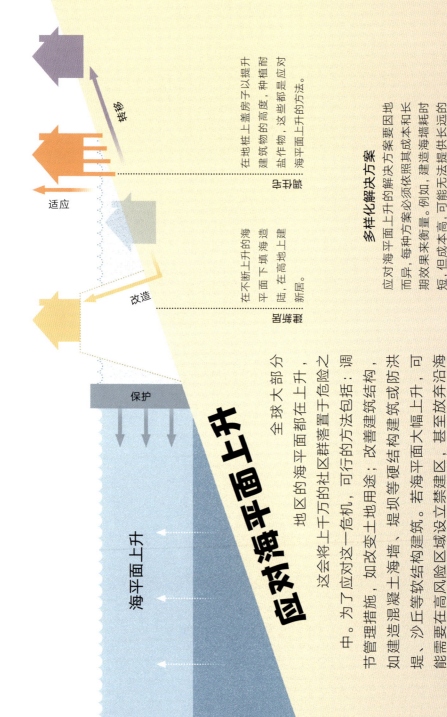

保护

改造

适应

转移

海堤、堤坝
在不断上升的海平面下填海造陆，在高地上建新居。

建筑方法
在地桩上盖房子以提升建筑物的高度，种植耐盐作物，这些都是应对海平面上升的方法。

多样化解决方案

应对海平面上升的解决方案要因地而异，每种方案必须依照其成本和长期效果来衡量。例如，建造海墙耗时短，但成本高，可能无法提供长远的保障。

风暴前夕

由于气候变化的影响，热带风暴（见第76页）变得越来越强烈。早期预警系统可以提前预测风暴来临的路径和预计登陆区域等信息。有了这些信息，应对小组可以协同执法部门甚至武装部队一起工作，搭建临时避难所，通过广播预警或组织居住在易受灾地区的居民大规模疏散。然而，更常见的情况是，人们听从指示留在室内，等风暴过去。

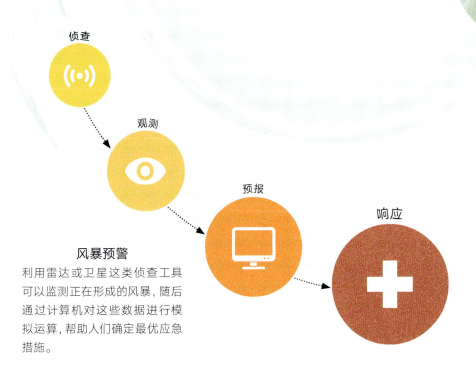

侦查

观测

预报

响应

风暴预警

利用雷达或卫星这类侦查工具可以监测正在形成的风暴，随后通过计算机对这些数据进行模拟运算，帮助人们确定最优应急措施。

扑灭大火

气候变化、气温升高和全球各地野火发生频次的增加、强度的增大密切相关（见第84页）。通常野火蔓延速度快，控制难度大。预防野火灾害发生的主要措施有：建立并维护防火带；监管干燥自然植被密集生长的地区，这些植被会成为火灾的助燃器；建立早期预警系统，及时发现火灾迹象，向消防人员发出警报。

消防安全

虽然雷击等自然因素可能引发野火，但有些火灾是由人类活动造成的，因此提升公众消防安全意识至关重要。

"煽风点火，气候才是真正的主导因素。"

帕克·威廉姆斯

高度警惕

控制火灾

防火带是指已经清除可燃物和可燃植被的区域，或者植被中天然形成的隔离带。防火带有助于阻止火势迅速蔓延。

空中支援
将数千升水或阻燃剂投放至熊熊燃烧的森林大火中以控制火势。

灭火
灭火技术的关键在于至少消灭"火三角"中的一个要素——可燃物、点火源（温度达到着火点）或氧气。

个体层面
的改变

个体的日常活动累积起来会产生全球范围的影响。在相对富裕的国家，平均碳足迹往往是较贫困国家的数倍。无论是我们的出行方式，还是饮食，做出更环保的选择可以大大减少我们的碳足迹。除了各种形式的保护气候的行动，个人的转变也会减少人们对气候的坏影响，此举还可以鼓励其他人做出改变，向政府和企业施压，要求他们实施同样的举措进行必要的大规模改变（见第114~141页）。

自下而上的改变

"放眼全球，立足本地。"这句标语在20世纪70年代的环保主义中很流行，最近又被重新引用，表达从地方社区的基层群体实施应对气候变化战略的重要性。

此举可以视为发起一场有意义的变革，是一种向上施加压力的方式。在这场行动中，城市发挥了巨大作用，许多城市都启动了相关计划，或者制定了自己的低碳目标。全球最大的应对气候变化联盟——全球市长联盟（GCoM）已见证超1万座城市和地方政府承诺到2030年减少碳排放。

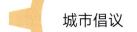

城市倡议

采取行动
在地方社区联合起来的个体可以向城市管理者提仪，要求他们在气候变化问题上采取有意义的行动。

个人行动

社区行动

全球契约

国际合作

联合行动可以实现真正的全球成果，代表超过130个国家8亿人口的全球市长联盟已承诺减少碳排放。

"尽管气候变化的巨大影响让个体感到渺小无助，但个体的行动对做出有意义的改变是至关重要的。"

米娅·阿姆斯特朗

齐心协力

　　应对气候危机需要全球所有人的共同努力。由于气候变化带来的最恶劣的影响是不分国界的，因此需要各国科学家、政治家、企业及变革者跨越国界，消除分歧，同舟共济。从个人到政府，从低收入国家到高收入国家，从商业团体到环保群体，各方所有人都必须建立更全面的伙伴关系，达成更广泛的协议和合作。

你的选票

对生活在民主国家的人们来说，为支持环保政策的代表投上一票，意义十分重大。

你的声音

若要解决气候变化的问题，直言不讳、提高意识是这场重要行动的必要条件。

> "走出这场危机，我们可以一起重新思考最重要的任务：如何在空间有限、食物有限和水有限的星球上可持续地生活。"
>
> 迈克尔·E.曼

如何行动

只有当所有人一起尽各自所能提高对气候危机的认识，每天积极地应对气候变化时，才有可能实现集体性的变革。

你的时间

几乎没有人可以每时每刻应对气候变化，大多数人必须尽可能多地抽出时间采取行动。

你的财产

你用钱买了什么，也就是你把钱花在哪里，往往会对你所处的社会面貌及其价值产生巨大影响。

主动出行

以步行或骑行等出行方式代替开车出行，不仅对环境有利，也有益于身体健康。

小改变，大不同

研究发现，即使很小的改变，比如用骑行替代每天开车出行，对一个人的碳足迹减少具有显著的累加效应。骑行也比开车更省钱。

改变思维方式

　　私家车已成为交通工具的主流，而且对许多人来说，坐飞机也已成为一种常态，遏制气候变化意味着要重新思考和重塑这些关系。个人可以采取行动，如选择步行或骑车出行，不乘飞机。然而，基础设施也必须要革新，才能支撑新技术和公共交通的发展（见第151页）。许多改变已处于进行时，比如电动汽车（见第150页）的购买量创下新纪录，许多国家开始逐步淘汰传统汽车。

减少浪费 一些简单的小举动就可以减少食物浪费，比如只买需要的东西，把新鲜食品冷冻以备日后食用，购买外包装更少的食物。

多吃绿色食品

自己种植

减少食物浪费

来源可靠

减少包装

更环保的饮食可以改善人类的健康和地球的环境。多吃以植物为原料的蛋白质食物，如豆类、坚果和豆腐，这类食物可减少百倍的碳排放量。植物奶（如燕麦奶、坚果奶）比牛奶类乳制品环保三倍。购买本土的产品看似很重要，但食品运输只占食品碳足迹的一小部分。因此，我们吃什么比它来自哪更重要。

饮食多样化

减少肉类消费

吃应季食品

可持续选择

少吃肉 饲养提供肉类和乳制品的牲畜需要大量土地和水，并且它们还会排放温室气体，因此减少对肉类和乳制品的需求于气候而言大有助益。

全球近75%的食物供应（见第48~49页）来源于12种植物和5种动物，这对环境和粮食安全（见第112页）都造成了威胁。

食物多样性

更清洁的交通方式

先进的控制系统可以使一些车辆将动能转换成可存储的电能（如车辆制动时）。这种创新也意味着在不久的将来，电动汽车可以将电能输送回电网。

充电过程：充电快以及电池容量提升等优点让电动汽车成为常用的交通工具。

可再生能源：运用风能（风力涡轮机见第132页）等可再生能源发电，可以降低电动汽车的碳成本。

充电口

电池

控制器

充电机

电动驾驶

与传统内燃机汽车产生的长期污染相比，电动汽车产生的废弃物只有几百分之一，排放的温室气体少三分之一。更重要的是，随着电网变得环保，汽车也更加环保。电动汽车逐年得到改进，主要是使汽车在每次充电后都可以行驶更长的里程，减少充电次数。电动汽车没有排气管，不会对城市空气造成污染。

公共出行

并不是所有交通领域的变革都需要高科技，对公交车或城市轨道交通涉及的车辆这类公共交通工具来说，每位乘客产生的碳排放量仅为小客车的六分之一。若乘坐长途客车或火车出远门，优势更加明显。将公共出行与新技术结合（比如，推广电动公交车）可以进一步削减碳排放，同时给人们更加清洁而又安静的街道。

1辆公共汽车可以替代
路面上的30辆小客车

乘公交

研究表明，公共交通系统不仅可以缓解城市拥堵，减少碳排放，还可以对城市产生积极的"绿色"经济效应，有利于提升生活质量。

在公共交通上每投资1美元，就会产生5美元的经济回报。

索引

经济发展 59
经济增长 118
净零 36,37,115
飓风 76

K

开采 130,131
开垦 48,49,87
砍伐森林 7,52
可持续 149
可持续性 123
可再生能源 36,125,128,
 154
可再生资源 135
空气 13,16,17,30,76,
 77,78,80,150
空气调节系统 125,127
空气污染 41,43,72,80,150
昆虫, 叮咬 110

L

浪费 67
浪费的食物 56
老龄化 42
临界点20
磷 50,120
氯氟烃 81

M

马尔代夫 97
孟加拉国 108

棉花 66
灭绝 54,86,87,102
墨西哥湾暖流 18
目标 36,37

N

南极洲 81,83,88,89,90
内燃机 41,150
能量交换 16
能量的来源 129
能源效率 125~127
能源利用效率 126~127
凝结 76
农业的 47,48,49,50,52,87
农业污染 50

P

蜱虫 110
破坏生态 137
贫困 47
平衡 54
平流层 17,81

Q

栖息地丧失 87
企业 150
气候移民 109
气候 33,107,108
气候变化的不平均影响 108
气候模型 24,25
气候卫生 72~73

气候协定 116
气候移民 19
气候变化战略 144~145
气候正义 117
气候数据 22
气候数据, 收集 22
气旋 76
氢气 64,103
清洁技术 124~125
全球平均气温 70
全球人均排放量 59
全球健康 73
全球市长联盟 144,145
全球洋流循环系统 19

R

燃煤能源 60~61
燃烧 12,28,41,49,60~61,
 71,77
燃烧化石燃料 12,28,77,
 80
燃油汽车 80
热层 17
热带风暴 76,139
热带雨林 99
热固性材料 67
热浪 21,75,84,95,101,
 108,109
热能 12,131
热膨胀 96
热量, 吸收 100